CATALOGUE
DES COLÉOPTÈRES

DE

L'ALSACE ET DES VOSGES.

CATALOGUE

DES

COLÉOPTÈRES

DE

L'ALSACE ET DES VOSGES

PAR

J. WENCKER

MEMBRE DES SOCIÉTÉS ENTOMOLOGIQUES DE FRANCE, DE BERLIN ET DE PLUSIEURS AUTRES SOCIÉTÉS SAVANTES

ET G. SILBERMANN

MEMBRE DE LA COMMISSION ADMINISTRATIVE DU MUSÉE D'HISTOIRE NATURELLE DE STRASBOURG, PRÉSIDENT DE LA SOCIÉTÉ D'HORTICULTURE DU BAS-RHIN, CHEVALIER DE LA LÉGION D'HONNEUR ETC.

SUIVI DE

DESCRIPTIONS DE PLUSIEURS ESPÈCES NOUVELLES

PAR

CH. BRISOUT DE BARNEVILLE ET WENCKER.

STRASBOURG,

TYPOGRAPHIE DE G. SILBERMANN, PLACE SAINT-THOMAS, 3.

1866.

En 1831 la *Société industrielle de Mulhouse* entreprit la publication de la statistique du département du Haut-Rhin et me pria de lui fournir, pour ce recueil, un relevé des Coléoptères de l'Alsace. Cette liste dut être faite très-promptement, et comme à cette époque on s'était aussi beaucoup moins occupé des petites espèces, maintenant si bien étudiées, mon travail a été très-incomplet.

En 1860, M. Kampmann, entomologiste zélé de Colmar, publia à son tour un catalogue des Coléoptères de l'Alsace, et ce catalogue était empreint des progrès qu'avait faits la science.

Ce sont là les deux seuls travaux qui ont été plus spécialement consacrés aux Coléoptères de nos deux départements du Rhin.

Aujourd'hui nous venons présenter aux entomologistes un nouveau catalogue dans lequel nous avons également compris les espèces trouvées dans la chaîne des Vosges, dont une si grande partie sillonne l'Alsace, et nous nous sommes efforcés de le rendre aussi complet et aussi exact que possible.

Plus de trois mille espèces y sont énumérées, et pour chaque espèce son *habitat* et son plus ou moins de rareté sont indiqués. Il est du reste évident que cette dernière mention est souvent relative, selon les localités.

Nous avons été très-sobres de synonymie, notre ouvrage n'étant pas un travail systématique, mais un simple catalogue.

Pour ne rien négliger nous nous sommes adressés à l'obligeance des principaux entomologistes de l'Alsace et des Vosges, et nous avons eu le précieux concours de MM. Blind, pasteur, de ses deux fils, de MM. Goubert et Triess, professeur, à Strasbourg; de MM. Kampmann, Leprieur et l'abbé Umhang, à Colmar; de M. Oscar Kœchlin, chimiste, à Dornach; de M. le docteur Puton, à Remiremont; de M. Caulle, percepteur à Saint-Dié; de M. Demange, propriétaire à Raon-l'Étape; de M. le curé Jacquel, à Coinches, et de M. le curé Fettig, à la Vaucelle. Nous prions ces Messieurs d'agréer l'expression de tous nos remercîments.

Je dois dire, en terminant ces lignes, que la principale part de ce travail revient à M. Wencker, qui a fait pendant plusieurs années une étude approfondie des Coléoptères de l'Alsace et des Vosges, et qui possède la plus riche collection d'espèces d'Europe qui existe peut-être. Je n'ai d'autre mérite que d'avoir provoqué la rédaction de ce catalogue et d'y avoir contribué pour quelques détails.

G. Silbermann.

Strasbourg, avril 1866.

CATALOGUE
DES COLÉOPTÈRES
DE
L'ALSACE ET DES VOSGES.

CICINDELIDÆ.

Cicindela, Lin.

campestris, L. . . . . . sur les terrains sablonneux, au soleil, commun.
hybrida, L. . . . . . . idem, idem.
v. riparia, Dej. . . . idem, idem.
sylvicola, Dej. . . . . sur les plateaux vosgiens, plus rare.
sylvatica, L. . . . . . . sur la montagne de Sainte-Odile, à Haguenau, à Remiremont, assez rare.
germanica, L. . . . . . dans les champs des terrains calcaires, peu commun.

CARABIDÆ.

ELAPHRI.

Omophron, Latr.

limbatum, Latr. . . . . sur les bords sablonneux des rivières.

Notiophilus, Duméril.

aquaticus, L. . . . . . . sur les terrains humides, commun.
palustris, Duft. . . . . . idem, dans les forêts, idem.
biguttatus, F. . . . . . idem, idem.
4-punctatus. Dej.. . . . idem, très-rare.
rufipes, Curt.. . . . . . à Artzenheim (Leprieur), rare.
punctatus, Westmael.. . au pied des arbres de la promenade Lenôtre, à la Robertsau, près de Strasbourg, très-commun.

Elaphrus, Fabr.

uliginosus, F. . . . . . aux bords des mares, peu rare.
cupreus, Duft. . . . . . idem, idem.
riparius, L.. . . . . . . aux bords des eaux courantes, plus rare.

CARABI.

Nebria. Latr.

livida, L. . . . . le type n'a jamais été pris en Alsace ni dans les Vosges.
v. lateralis, F. . . . . au bord du petit et du grand Rhin, dès le 15 juin.
picicornis, F.. . . . . . idem, idem.
brevicollis. F. . . . . . sous les pierres dans les forêts, commun.

Leistus, Frœhl.

spinibarbis, F. . . . . . sous les pierres et les détritus, pas commun.
montanus, Steph. . . . M. Thiriot a pris un individu au syndicat de Saint-Amé, près de Remiremont.
fulvibarbis, Dej. . . . . sous les pierres, rare.
ferrugineus, L. . . . . idem, idem.
rufescens, F.. . . . . . idem. idem.
piceus, Frœhl. . . . . . idem, pris à Saverne, très-rare.

Procrustes, Bon.

coriaceus, L. . . . . . . sous les pierres et dans les jardins, le soir surtout.

Carabus, Lin.

catenulatus, Scop. . . . dans les forêts, sous les pierres et les mousses, assez commun.
monilis, F. . . . . dans les champs, peu commun.
v. consitus, Panz. . . sur le plateau du Champ-du-Feu et dans la forêt de Haguenau, assez commun.
arvensis, F. . . . . . . dans la forêt de Hagueneu, rare. Le type se conserve dans les plaines, il varie sur les hauteurs.
v. pomeranus, Oliv. . dans les montagnes, au Hoheneck.
v. rupicola, Jurine. . sur le plateau du Champ-du-Feu (Silberm.), commun.
cancellatus, F. . . . . . très-commun partout. Il varie beaucoup.
granulatus, L. . . . . . idem, idem.
nodulosus, Creuz. . . . aux bords des ruisseaux encaissés des Vosges, à Sainte-Marie-aux-mines, Ribeauvillé, Soultzbach, au Pechthal, à Celles, La Brosse etc. [1])
auratus, L. . . . . . . en plaine dans les champs, très-commun.
auronitens, F. . . . . . sous les pierres et dans les souches des forêts de montagnes, commun.
purpurascens, F.. . . . dans les champs et les forêts. Le type est bien pur.
violaceus, L. . . . . . . idem, ordinairement rare, plus commun aux inondations du Rhin.
glabratus, Payk. . . . . dans les forêts des Vosges, assez rare.
nemoralis, Illig. . . . . dans les champs, en plaine et sur les hauteurs, très-commun.
convexus, F. . . . . . . dans les champs, assez rare, plus commun sur le chemin de Barr à Andlau.
sylvestris, F. . . . . . . dans les souches près du Champ-du-Feu (Silberm.), rare.
intricatus, L. . . . . . . dans les forêts, commun dans les Vosges, rare en
cyaneus, F. plaine.
irregularis, F. . . . . . idem, au Hohwald et à la Bresse dans les vieilles souches (Silberm. et Puton), rare.

Calosoma, Web.

sycophanta, L. . . . . . dans les forêts de chêne, à la poursuite des chenilles processionnaires, rare.
inquisitor, L. . . . . . idem, très-commun.

[1]) On trouve ce Carabe en exposant des poissons morts aux bords des torrents des Vosges.

Cychrus, Fabr.

rostratus, L. . . . . . . dans les souches sur les hauteurs des Vosges, commun.
v. elongatus, Hope. . aux bords du Rhin, moins commun.
attenuatus, F. . . . . . dans les Vosges, dans les souches et sous les pierres, rare.

DRYPTÆ.

Odacantha, Payk.

melanura, L. . . . . . aux bords des cunettes des fortifications de Strasbourg, près de la porte de Pierre principalement.

Drypta, Fabr.

emarginata, F. . . . . . dans les bois humides à Darney, (Le Paige), très-rare.

Polystichus, Bon.

vittatus, Brull. . . . . . aux bords de l'eau à Obernai (Fischer), à Darney (Le Paige), très-rare.

BRACHINI.

Brachinus, Web.

crepitans, L. . . . . . . sous les pierres dans les terrains calcaires, commun.
explodens, Duft. . . . . idem, plus rare.
sclopeta, F. . . . . . . idem, idem.

DROMII.

Cymindis, Latr.

humeralis, F. . . . . . sous les pierres dans les hautes montagnes et dans la forêt de Haguenau, assez rare.
axillaris, F. . . . . . . idem, très-rare.
homagrica, Duft.

Demetrias, Bon.

unipunctatus, Germ. . . principalement au vol, vers le soir, très-commun.
atricapillus, L. . . . . . sous les feuilles mortes, moins commun.

Dromius, Bon.

linearis, Oliv. . . . . . sous les détritus, commun.
marginellus, F. . . . . sous les écorces de platanes à l'Orangerie de Strasbourg, rare.
agilis, F. . . . . idem, très-commun.
4-maculatus, L. . . . . idem, idem.
4-notatus, Panz. . . . . idem, idem.
4-signatus, Dej. . . . . idem, Strasbourg, au Contades, très-rare.
bifasciatus, Dej. . . . . idem, dans les forêts, idem.
fasciatus, Dej. . . . . . idem, aux bords du Rhin.
sigma, Rossi. . . . . . sous les détritus aux bords du Rhin, de l'Ill et de la Fecht.
melanocephalus, Dej. . idem, idem.

Blechrus, Motsch.

glabratus, Duft. . . . . sous les détritus, très-commun.
maurus, Sturm. . . . . idem, assez rare.

Metabletus, Schmidt.

obscuroguttatus, Duft. . sous les détritus et les feuilles mortes dans les Vosges (Silberm.), rare.
truncatellus, L. . . . . idem, très-commun.
foveola, Gyll. . . . . . idem, idem.

Lionychus, Wismann.

quadrillum, Duft. . . . aux bords de l'eau dans la forêt du Neuhof, commun.
v. bipunctatus, Heer. idem, moins commun.

Lebia, Latr.

cyanocephala, L. . . . . au pied des arbres, commun.
chlorocephala, Hoff. . . idem, moins commun.
crux-minor, L. . . . . . sur les terrains calcaires des Vosges, rare.
hæmorrhoidalis, F. . . sur les bruyères des Vosges, en juin, commun.

Masoreus, Dej.

Wetterhalii, Gyll. . . . sous les détritus dans la forêt de Haguenau, très-rare.

SCARITINI.

Clivina, Latr.

fossor, L. . . . . aux bords de l'eau, très-commun.
collaris, Hbst. . . . . . idem, idem.
v. discipennis, Meg. . idem, idem.
v. sanguinea, Leach.. idem, idem.

Dyschirius, Bon.

thoracicus, F. . . . . . dans les inondations, rare.
nitidus, Dej. . . . . . . aux bords de l'eau, très-commun.
æneus, Dej. . . . . . . idem, idem.
politus, Dej. . . . . . . idem, idem.
globosus, Hbst. . . . . idem, idem.

CHLÆNII.

Loricera, Latr.

pilicornis, F. . . . . . . dans les mares desséchées, commun.

Panagæus, Latr.

crux-major, L. . . . . . sous les pierres, commun.
v. trimaculatus, Dej.. pris à l'Orangerie de Strasbourg, très-rare.
4-pustulatus, Sturm. . idem, idem.

Callistus, Bon.

lunatus, F. . . . . sous les pierres des terrains calcaires, peu commun.

Chlænius, Bon.

agrorum, Oliv. . . . . aux bords de l'eau; commun.
vestitus, Payk. . . . . . idem, idem.
Schrankii, Duft. . . . . idem, idem.
tibialis, Dej. . . . . . . idem, rare.
nigricornis, F. . . . . . idem, assez commun.
v. melanocornis, Dej. idem, rare.

holosericeus, F. . . . . aux bords de l'eau, rare.

sulcicollis, Payk. . . . . idem, pris à Colmar, très-rare.

cælatus, Weber. . . . . idem, idem [1]).

Oodes, Bon.

helopioides, F. . . . . . dans les fossés desséchés, très-commun.

Licinus, Latr.

agricola, Oliv. . . . . . dans les terrains calcaires et jurassiques, rare.

silphoides, F. . . . . . idem, moins rare.

cassideus, F. . . . . . . sous les pierres non loin de l'auberge de la Montagne-Verte près de Strasbourg, très-rare.

depressus, Payk. . . . . idem, idem.

Hoffmanseggii, Panz.. . M. Puton a pris un seul individu à Remiremont.

Badister, Clairv.

unipustulatus, Bon. . . dans les fossés des fortifications de Strasbourg.

bipustulatus, F. . . . . sous les pierres, très-commun.

v. lacertosus, Sturm. idem, assez rare.

peltatus, Panz. . . . . . idem, idem.

humeralis, Bon. . . . . inondations de l'Ill et du Rhin-Tordu, très-commun.

v. xanthomus, Chaud. dans la forêt de Vendenheim sous les feuilles mortes; pris dix individus (Wencker).

STOMIDES.

Broscus, Panz.

cephalotes, L. . . . . . enterré sous les pierres sur les routes et dans les champs arides, assez rare.

Stomis, Clairv.

pumicatus, Panz. . . . sous les détritus aux bords du Rhin, commun.

HARPALI.

Anisodactylus, Dej.

signatus, Illig. . . . . . dans les terrains arides, très-rare.

binotatus, F. . . . . . . très-commun partout.

v. spurcaticornis, Dej. idem.

nemorivagus, Duft. . . rare dans les terrains calcaires, commun dans les inondations.

Diachromus, Er.

germanus, L. . . . . . très-commun dans les inondations.

Bradycellus, Er.

placidus, Gyll. . . . . . dans les détritus aux bords du Rhin, commun.

Verbasci, Duft. . . . . pris à Colmar (Kampmann) et à Remiremont (Puton), rare.

refulgus, Dej.

harpalinus, Dej. . . . . dans les détritus aux bords du Rhin, commun.

collaris, Payk. . . . . . idem, idem.

similis, Dej. . . . . . . idem, idem.

[1]) Je n'ai pris cette espèce qu'une seule fois, avec un *holosericeus* et un *sulcicollis*, au Wacken, près de Strasbourg, sur un terrain humide, au bord du bras de rivière appelé l'Aar. Elle a été probablement introduite par du bois de flottage venant du nord. (Silberm.)

Harpalus, Dej.

Ophonus, Ziegl.

sabulicola. Panz. . . . . dans les terrains calcaires, assez rare.
punctulatus, Duft. . . . idem, idem.
azureus, Illig. . . . . . sous les pierres, très-commun.
v. chlorophanus, Panz. idem.
cordatus, Duft. . . . . . sous les pierres dans les Vosges, rare.
rupicola, Sturm. . . . . idem, très-commun.
puncticollis, Payk. . . . sur les fleurs aux bords du Rhin, assez rare.
brevicollis, Dej. . . . . dans les Vosges, idem.
prallelus, Dej. . . . . . dans les terrains calcaires, idem.
maculicornis, Dej. . . . commun, surtout dans les inondations.
signaticornis, Duft. . . dans les inondations de la Brusche, très-rare.
mendax, Rossi . . . . . idem, idem.

Pseudophonus, Motsch.

ruficornis, F.. . . . . . sous les pierres, très-commun.
griseus, Panz. . . . . . idem, plus rare.
æneus, F. . . . . idem, très-commun.
v. smaragdinus, Dej.. idem, idem.
v. confusus, Dej. . . dans les Vosges, rare.
distinguendus, Duft. . . sous les pierres, très-commun.
cupreus, Dej. . . . . . idem, très-rare.
ignavus, Duft. . . . . . idem, très-commun.
honestus, Duft.
neglectus, Dej.. . . . . . assez rare.
discoideus, F. . . . . . à Remiremont (Puton), rare.
calceatus, Duft. . . . . dans les terrains calcaires, commun.
hottentota, Duft. . . . . rare.
latus, L. . . . . très-rare.
limbatus, Duft.
luteicornis, Duft.. . . . assez commun dans les inondations.
lævicollis, Duft. . . . . commun, surtout dans les Vosges.
rubripes, Duft. . . . . . très-commun partout.
v. marginellus, Dej. . dans les Vosges, rare.
v. sobrinus, Dej. . . rare.
hirtipes, Illig. . . . . . à Haguenau, rare.
caspius, Stev. . . . . . très-commun.
semiviolaceus, Dej.
impiger, Duft. . . . . . à Haguenau et dans les Vosges, assez rare.
tenebrosus, Dej. . . . . aux inondations du Rhin, très-rare.
tardus, Panz. . . . . . très-commun partout.
serripes, Duft. . . . . . idem.
Frœhlichii, Sturm.. . . . à Haguenau, assez commun.
segnis, Dej.
flavitarsis, Dej. . . . . aux inondations du Rhin, très-rare.
anxius, Duft. . . . . . . commun.
servus, Duft. . . . . . . idem.

picipennis, Duft. . . . . commun.
vernalis, F.

Stenolophus, Dej.

teutonus, Schr. . . . . sous les pierres, très-commun.
vaporariorum, F.
skrimshiranus, Steph. . aux inondations du Rhin, rare.
v. affinis, Bach. . . .
vespertinus, Illig. . . . idem, très-rare.
elegans, Dej. . . . . . . idem, moins rare.

Acupalpus, Latr.

consputus, Duft. . . . . aux bords du Rhin, très-rare.
meridianus, L. . . . . . principalement aux inondations, très-commun.
dorsalis, F. . . . . . . idem, moins commun.
flavicollis, Sturm. . . . idem, très-commun.
exiguus, Dej. . . . . . idem, idem.
v. luridus, Dej. . . . idem, idem.

FERONII.

Feronius [1]).

Pœcilus, Bon.

punctulatus, F. . . . . dans les terrains sablonneux, généralement assez rare, moins rare à Haguenau.
cupreus, L. . . . . . . sous les pierres, très-commun.
dimidiatus, Oliv. . . . . principalement au mont Sainte-Odile.
Koyi, Germ. . . . . . . sous les pierres, commun.
v. viaticus, Dej. . . . idem, idem.
lepidus, F. . . . . idem, très-commun.
v. gressorius, Dej. . . idem, idem.

Adelosia, Steph.

picimanus, Duft. . . . . dans la forêt de Haguenau, rare.

Lagarus, Chaud.

vernalis, Panz. . . . . . très-commun.
inæqualis, Marsh. . . . à Strasbourg, à Colmar, dans les Vosges, très-rare.

Lyperus, Chaud.

aterrimus, F. . . . . . aux bords du Rhin, commun.
nigerrimus, Dej. . . . . idem, idem.

Omaseus, Ziegl.

niger, Schall. . . . . . . très-commun sous les pierres.
vulgaris, L. . . . . . . idem.
melanarius, Illig.

[1]) Le nom de *Feronia* donné par Latreille à ce groupe de Carabiques, dans lequel on a réuni une série de genres de Bonelli et d'autres auteurs, ne saurait prévaloir, car il avait été donné précédemment par Correa de Serra à un genre d'arbres de la famille des Aurantiacées. Il a en outre l'inconvénient d'être du genre féminin, ce qui oblige de changer les terminaisons spécifiques de presque toutes les espèces des genres qu'il doit réunir. Nous proposons donc d'accepter le nom de *Feronius*, qui échappe à ces deux inconvénients et n'augmentera guère la synonymie. (Silberm.)

nigritus, F. . . . . sous les pierres, très-commun.
anthracinus, Illig. . . . idem, idem.
gracilis, Dej. . . . . . . idem, moins commun.
minor, Gyll. . . . . . . idem, plus commun.

Argutor, Dej.

interstinctus, Sturm. . commun.
eruditus, Dej.
strenuus, Panz.. . . . . idem.
diligens, Sturm. . . . . assez rare.

Platysma, Bon.

oblongopunctatus, F. . dans les forêts, très-commun.
angustatus, Duft. . . . pris par M. Linder dans la forêt de Vendenheim, très-rare.

Steropus, Dej.

madidus, F. . . . . . . commun, surtout dans les Vosges.
v. concinnus, Sturm. idem.
æthiops, Panz. . . . . . près de Saverne sous les pierres, assez rare.

Pterostichus, Bon

parumpunctatus, Germ. dans les forêts, commun.
metallicus, F. . . . . . dans les Vosges, assez commun.

Haptoderus, Chaud.

spadiceus, Dej. . . . . dans les Vosges, commun.

Abax, Bon.

striola, F. . . . . dans les forêts, commun.
ovalis, Duft. . . . . . . dans les Vosges, idem.
parallelus, Duft. . . . . partout.

Molops, Bon.

terricola, F. . . . . . . sous les pierres, commun dans les Vosges.

Zabrus, Clairv.

gibbus, F. . . . . dans les champs de blé le soir, assez commun.

Amara, Bon.

Bradytus, Steph.

fulva, De Geer. . . . . à Haguenau, commun.
apricaria, Payk. . . . . plus rare.
consularis, Duft. . . . . commun.

Cyrtonotus, Steph.

aulica, Panz. . . . . . . commun.

Leiocnemis, Zimm.

glabrata, Dej. . . . . . très-rare (Silberm.).

Celia, Zimm.

ingenua, Duft. . . . . . dans les Vosges, rare.
municipalis, Duft. . . . aux inondations du Rhin, commun.
Quenselii, Gyll. . . . . dans les Vosges (à Soulzbach), rare.
infima, Duft. . . . . . . dans les Vosges, rare.
bifrons, Gyll. . . . . . à Strasbourg et à Colmar, commun.
v. livida, F. . . . . . commun.
rufo-cincta, Sahlb. . . . dans les Vosges, rare.

Acrodon, Zimm.

brunnea, Gyll. . . . . . pris à Haguenau à une inondation, très-rare.

Percosia, Zimm.

patricia, Duft. . . . . . dans les Vosges, rare.
v. zabroides, Dej. . . pris à la Vaucelle (Fettig), à Sainte-Marie-aux-Mines et à Barr (Wencker), très-rare.

Amara, Zimm.

similata, Gyll. . . . . . très-commun partout.
ovata, F. . . . . idem.
obsoleta, Dej.
montivaga, Sturm. . . . commun aux inondations de l'Ill.
nitida, Sturm. . . . . . assez rare.
communis, Panz. . . . très-commun.
curta, Dej. . . . . rare.
lunicollis, Schied. . . . très-commun dans les inondations.
vulgaris, Panz.
spreta, Dej. . . . . . . commun dans les sables à Marienthal, en avril.
trivialis, Gyll. . . . . . idem.
acuminata, Payk. . . . idem, surtout dans les inondations.
eurinota, Panz.
familiaris, Duft. . . . . très-répandu.
lucida, Duft. . . . . . . assez commun dans les inondations.
tibialis, Payk. . . . . . à Colmar et à Belfort, très-rare.

Triœna, Le Conte.

striato-punctata, Dej. . dans les inondation du Rhin, commun.
rufipes, Dej. . . . . . . idem, très-rare.
lepida, Er. . . . . idem, idem.
tricuspidata, Dej. . . . idem, moins rare.
strenua, Er. . . . . . . idem, très-rare.
plebeja, Gyll. . . . . . dans les terrains calcaires, assez commun.

ANCHOMENI.

Sphodrus, Clairv.

leucophthalmus, L. . . dans les caves, les écuries abandonnées, sous les pierres et les planches, commun.
planus, F.

Pristonychus, Dej.

terricola, Hbst. . . . . dans les caves, les écuries abandonnées, sous les pierres et les planches, commun.

Calathus, Bon.

cisteloides, Illig. . . . . sous les pierres, très-commun.
glabricollis, Dej. . . . . dans les Vosges (Puton), assez rare.
v. gallicus, Fairm. . idem, idem.
fulvipes, Gyll. . . . . . sous les pierres, très-commun.
fuscus, F. . . . . affectionne les terrains calcaires, idem.
melanocephalus, L. . . partout, idem.
micropterus, Duft. . . . dans les forêts de Haguenau et des Vosges, commun.
microcephalus, Dej.

Taphria, Bon.

vivalis, Panz. . . . . . dans les mares desséchées, assez rare.

Dolichus, Bon.

flavicornis, F. . . . . . assez commun dans les champs près de Oberhausbergen, caché sous terre; à Remiremont (Puton).

Anchomenus, Bon.

angusticollis, F. . . . . très-commun dans les souches pourries.
livens, Gyll. . . . . . . aux bords du Rhin, très-rare.
memnonius, Nicolaï.
prasinus, F. . . . . . . vit en famille au pied des arbres, très-commun.
albipes, F. . . . . au bords de l'eau, idem.
oblongus, F. . . . . . . dans les forêts, idem.

Agonum, Bon.

marginatum, L. . . . . dans les mares desséchées, très-commun.
impressum, Panz. . . . aux bords du Rhin, idem.
6-punctatum, L. . . . . surtout dans les forêts, sous les pierres, idem.
parumpunctatum, F.. . partout, idem.
austriacum, F. . . . . . surtout dans les routoirs d'Eckbolsheim, idem.
v. modestum, Sturm. idem, idem.
lugens, Duft. . . . . . . dans les forêts, rare.
viduum, Panz. . . . . . commun partout.
v. mœstum, Duft. . . idem.
v. emarginatum, Gyll. idem.
versutum, Sturm. . . . à Strasbourg et dans les Vosges, peu commun.
atratum, Duft. . . . . . aux bords du Rhin, très-rare.
micans, Nicol. . . . . . idem, commun.
pelidnum, Duft. . . .
gracile, Sturm. . . . . idem, idem.
puellum, Dej. . . . . . dans la forêt de Vendenheim, rare.
piceum, L. . . . . idem de Haguenau, idem.
picipes, F.

Olisthopus, Dej.

rotundatus, Payk. . . . sous les pierres dans les Vosges.

Patrobus, Dej.

excavatus, Payk. . . . . commun aux bords du Rhin.

TRECHI.

Trechus, Clairv.

discus, F. . . . . aux bords du Rhin, assez rare.
micros, Hbst. . . . . . idem, idem.
longicornis, Sturm. . . idem, très-rare.
littoralis, Dej.
rubens. F. . . . . idem, assez rare.
paludosus, Sturm.
minutus, F. . . . . . . très-commun partout.
obtusus, Er. . . . . . . dans les Vosges, très-rare.

Epaphius, Redt.

secalis, Sturm.. . . . . sous les feuilles mortes, lieux humides, commun.

Blemus, Dej.

areolatus, Creutz. . . . aux bords des rivières, très-commun.

BEMBIDIA.

Tachypus, Dej.

flavipes, L. . . . . aux bords des rivières, très-commun.
pallipes, Duft. . . . . . dans les mares desséchées, moins commun.
caraboides, Schr. . . . idem, rare.

Bembidium, Latr.

paludosum, Panz. . . . aux bords des rivières, assez commun.
impressum, Panz. . . . idem, rare.
striatum, F. . . . . . . au Rhin, commun.
v. foraminosum, Sturm. idem, idem.
punctulatum, Drap. . . idem, très-commun.

Leja, Dej.

pygmæum, F. . . . . . aux bords du Rhin, rare; dans les sablonnières près de Vendenheim, commun.
lampros, Hbst. . . . . dans toute l'Alsace, commun.
v. velox, Er.. . . . . . un peu moins commun.
tenellum, Er. . . . . . aux bords du Rhin, commun.
Doris, Panz. . . . . . . à Vendenheim, assez rare.
Sturmii, Panz. . . . . . dans les mares desséchées, idem.
articulatum, Panz.. . . aux bords des rivières, commun.

Lopha, Dej.

4-guttatum, F. . . . . . aux bords de l'eau, commun.
4-pustulatum, Dej. . . idem, assez rare.
4-maculatum, L.. . . . idem, commun.
humerale, Sturm. . . . dans la forêt de Vendenheim sous les mousses (Capiomont), rare.
callosum, Küst. . . . . assez commun partout.
laterale, Dej.

Peryphus, Dej.

elongatum, Dej.	aux bords du Rhin, rare.
rufipes, Duft.	dans les Vosges, assez rare.
modestum, F.	dans les Vosges, très-commun.
fulvipes, Sturm. . . .	idem, idem.
nitidulum, Marsh. . . .	aux bords du Rhin, idem.
monticola, Sturm. . . .	dans les Vosges, idem.
decorum, Panz.	partout, idem.
fasciolatum, Duft. . . .	idem, idem.
v. cœruleum, Dej. . .	idem, moins commun.
v. tibiale, Duft. . . .	dans les Vosges, commun.
ripicola, Duft.	aux bords du Rhin, idem.
v. obsoletum, Dej. . .	idem, idem.
saxatile, Gyll.	idem, très-rare.
distinguendum, J. Duv.	idem, commun.
bruxellense, Wesm. . .	idem, très-rare.
femoratum, Sturm. . .	très-commun partout.
Andreæ, F.	idem, idem.
fluviatile, Dej.	aux bords du Rhin, rare.
ustulatum, L.	très-commun partout.
rupestre, F.	
lunatum, Duft.	aux bords du Rhin, assez commun.

Notaphus, Dej.

obliquum, Sturm. . . .	commun partout.
varium, Oliv.	idem.
v. fumigatum, Dej. .	idem.
flammulatum. Clairv. .	idem.

Leja, Dej.

fumigatum, Duft. . . .	commun partout.
assimile, Gyll.	idem.

Philochthus, Steph.

biguttatum, F.	commun partout.
guttula, F.	idem.
obtusum, Sturm. . . .	idem.

Ocys, Steph.

5-striatum, Gyll. . . .	sous les écorces dans la forêt de Vendenheim, rare.
rufescens, Dej.	très-rare en plaine, assez répandu dans les Vosges près de Colmar, sous les écorces.

Tachys, Dej.

Fockii, Hum.	aux inondations du Rhin et de la Fecht (Leprieur),
silacea, Dej.	[rare.
4-signata, Duft. . . .	aux bords du Rhin, très-commun.
parvula, Dej.	idem, plus rare.
bistriata, Duft.	excessivement répandu partout.
nana, Gyll.	aux bords du Rhin, rare.

DYTISCIDÆ.

DYTISCI.

Cybister, Curt.

Rœselii, F. . . . . . . dans les eaux stagnantes, assez commun.

Dytiscus, L.

latissimus, L. . . . . . dans les étangs de Darney (Vosges), assez commun.
marginalis, L. . . . . . partout très-commun.
v. ♀ conformis, Kunz. moins commun.
circumcinctus, Ahr. . . assez rare.
v. ♀ dubius, Gyll. . . très-rare.
circumflexus, F. . . . . dans l'eau saumâtre, assez rare.
v. ♀ perplexus, Lacd. idem, idem.
dimidiatus, Bergst.. . . idem, commun.
punctulatus, F. . . . . idem, assez rare.

Acilius, Leach.

sulcatus, L. . . . . . . dans l'eau stagnante, très-commun.
canaliculatus, Nicolaï. . pris à Haguenau (Billot), assez rare.

Hydaticus, Leach.

transversalis, F. . . . . dans l'eau saumâtre, commun.
Hybneri, F. . . . . . . idem, idem.
Leander, Rossi. . . . . pris à Haguenau, très-rare.
grammicus, Germ.. . . . aux environ de Strasbourg, commun.
cinereus, F. . . . . . . pris à Vendenheim, assez rare.
bilineatus, De Geer. . . plus répandu dans les Vosges.
zonatus, Hop. . . . . . assez rare.
austriacus, Duft. . . . . pris à Haguenau et dans les Vosges, très-rare.

Colymbetes, Clairv.

fuscus, L. . . . . dans les mares, très-commun.
striatus, F.
pulverosus, Sturm. . . dans l'eau saumâtre, idem.
collaris, Payk. . . . . . idem, idem.
consputus, Sturm. . . . idem (Puton), rare.
adspersus, F. . . . . . idem, très-commun.
Grapei, Gyll. . . . . . . pris à Vendenheim, très-rare.
bistriatus, Berg. . . . . pris à Wissembourg, excessivement rare.
agilis, Gyll.
notatus, F. . . . . dans les Vosges, assez rare.
notaticollis, Aubé. . . . pris à Remiremont (Puton), très-rare.

Ilybius, Er.

ater, De Geer. . . . . . dans les eaux stagnantes, assez répandu.
obscurus, Marsh. . . . idem, pas très-rare.
4-guttatus, Lacd.
fenestratus, F. . . . . . idem, assez rare.
fuliginosus, F. . . . . . idem, très-commun.
guttiger, Gyll. . . . . . pris à Haguenau et à Colmar, assez rare.

Agabus, Leach.

agilis, F. . . . . pris à Vendenheim et à Colmar (Kampmann), assez rare.
oblongus, Illig.
uliginosus, L. . . . . . pris à Strasbourg, idem.
femoralis, Payk. . . . . dans les Vosges et à Haguenau, idem.
Sturmii, Gyll. . . . . . dans les Vosges, idem.
chalconotus, Panz. . . . partout, idem.
maculatus, L. . . . . . pris à Vendenheim et à Colmar, idem.
abbreviatus, F. . . . . partout, idem.
didymus, Oliv. . . . . . idem, rare.
bipunctatus, F. . . . . pris à Strasbourg, idem.
conspersus, Marsh. . . pris à Haguenau, très-rare.
subnebulosus, Aubé.
guttatus, Payk. . . . . dans les Vosges, peu rare.
biguttatus, Oliv. . . . . dans les ruisseaux des Vosges, très-commun.
bipustulatus, L. . . . . idem, idem.
striolatus, Gyll. . . . . dans les Vosges, très-rare.
paludosus, L. . . . . . pris à Haguenau et à Colmar (Kampmann), rare.

Noterus, Clairv.

sparsus, Marsh. . . . . dans les eaux courantes, commun.
crassicornis, F. . . . . idem, idem.

Laccophilus, Leach.

hyalinus, De Geer. . . dans les eaux courantes, commun.
interruptus, Panz.
minutus, L. . . . . . . idem, très-commun.
variegatus, Germ. . . . idem, un peu plus rare.

HYDROPORI.

Hyphydrus, Illig.

ferrugineus, L. . . . . dans les eaux saumâtres, commun.
variegatus, Germ. . . . idem, très-rare.

Hydroporus, Clairv.

inæqualis, F. . . . . . . dans les fossés et les flaques d'eau, généralement rare.
reticulatus, F. . . . . . idem, assez répandu.
decoratus, Gyll. . . . . dans les Vosges et les mares de Vendenheim, rare.
geminus, F. . . . . . . dans les Vosges, très-commun.
minutissimus, Germ. . dans les eaux courantes, idem
v. delicatulus, Schaum. dans les bras du Rhin, idem.
unistriatus, Schr. . . . idem, idem.
12-pustulatus, F. . . . dans les étangs près de Strasbourg, très-rare.
depressus, F. . . . . . dans les fossés, commun.
alpinus, Payk. . . . . . dans les Hautes-Vosges, très-rare.
♀ *bidentatus*, Gyll.
assimilis, Payk. . . . . aux lacs de Gérardmer, de Retournemer et des Corbeaux (Leprieur et Puton).
Sanmarkii, Sahlb. . . . à Mutzig, à Ribeauville etc.
septentrionalis, Gyll. . . dans les Hautes-Vosges (Puton), rare.

halensis, F. . . . . . . dans les eaux claires, assez répandu.
picipes, F. . . . . dans les eaux claires et les eaux stagnantes, commun.
♀ *lineellus*, Gyll.
confluens, F. . . . . . . souvent dans les près humides, peu rare.
dorsalis, F.. . . . . . . idem, très-commun; il varie beaucoup de couleur.
palustris, L. . . . . . . idem, idem.
erythrocephalus, L. . . très-commun.
rufifrons, Duft. . . . . pris à Haguenau et à Vendenheim, très-rare.
planus, F. . . . . très-commun.
pubescens, Gyll. . . . . idem.
vittula, Er. . . . . pris à Vendenheim, rare.
ambiguus, Aubé.
marginatus, Duft. . . . pris dans les montagnes près de Wissembourg et à [Colmar, très-rare.
memnonius, Nicol.. . . dans les Vosges, assez commun.
Gyllenhalii, Sch. . . . . dans les environs de Saverne, rare.
piceus, Aubé.
melanarius, Sturm. . . à Haguenau et à Vendenheim, idem.
discretus, Fairm. . . . à Haguenau, très-rare.
nigrita, F. . . . . dans les Vosges, au Champ-du-Feu, assez commun.
neuter, Fairm. . . . . . pris à Vendenheim, rare.
tristis, Payk. . . . . . . pris à Colmar, peu commun.
angustatus, Sturm. . . pris à Vendenheim, assez commun.
obscurus, Sturm. . . . dans les Vosges, très-rare.
neglectus, Schm. . . . à Haguenau, idem.
pygmæus, Sturm. . . . pris dans les eaux stagnantes près de Vendenheim, [assez rare.
lineatus, F. . . . . . . très-répandu.
flavipes, Oliv. . . . . . commun.
granularis, L. . . . . . idem.
bilineatus, Sturm. . . . idem.
pictus, F. . . . . idem.

Pelobius, Schœnh.

Hermanni, F. . . . . . aux environs de Strasbourg, rare.

HALIPLI.

Haliplus, Latr.

elevatus, Panz.. . . . . dans les ruisseaux, assez rare.
obliquus, F. . . . . . . pris au Neuhof dans les eaux claires, idem.
lineatus, Aubé. . . . . idem, rare.
fulvus, F. . . . . idem, commun.
flavicollis, Sturm. . . . idem, très-commun.
ruficollis, De Geer.. . . idem, assez rare.
variegatus, Sturm. . . . idem, rare.
cinereus, Aubé. . . . . idem, idem.
fluviatilis, Aubé. . . . . dans les bras du Rhin et dans toutes les Vosges.
lineolatus, Mannh.
lineatocollis, Marsh. . . très-commun.

Cnemidotus, Illig.

cæsus, Duft. . . . . . . dans les fossés, très-commun.

GYRINI.

Gyrinus, Geoffr.

natator, L. . . . . dans les eaux claires, excessivement commun.
distinctus, Aubé. . . . . en société du précédent, mais rare.
bicolor, F. . . . . dans les étangs des Vosges, assez rare.
minutus, F . . . . . . assez rare en plaine, plus répandu dans les Vosges.

Orectochilus, Lacd.

villosus, Illig. . . . . . blotti sous les pierres, au bord de l'eau dans les Vosges (Puton), à Colmar (Umhang).

HYDROPHILIDÆ.

HYDROPHILI.

Hydrophilus, Geoffr.

piceus, L. . . . . dans les étangs et les fossés, très-commun.
aterrimus, Eschh. . . . idem, moins commun.

Hydrous, Brullé.

caraboides, L. . . . . . souvent à de grandes distances des eaux, très-com-[mun.

Hydrobius, Leach.

oblongus, Hbst. . . . . pris à Vendenheim, peu commun.
fuscipes, L. . . . . . . idem et au Neuhof, très-commun.
bicolor, Payk. . . . . . idem, idem.
globulus, Payk. . . . . idem, idem.
limbatus, F.

Philhydrus, Sol.

testaceus, F. . . . . . . dans l'eau stagnante, très-commun.
melanocephalus, Oliv. . idem, idem.
v. ochropterus, Marsh. idem, idem.
marginellus, F. . . . . idem, idem.

Helochares, Muls.

lividus, Fœrst. . . . . . dans les fossés, très-commun.
v. erythrocephalus, F. idem, idem.

Laccobius, Er.

minutus, L. . . . . . . dans les eaux limpides du Rhin, très-commun.
globosus, Heer. . . . . idem, idem.

Berosus, Leach.

spinosus, Stev. . . . . . dans les eaux saumâtres, à Soultz-sous-Forêts, dans les terrains arrosés par les eaux salées, rare.
æriceps, Curt. . . . . . idem, commun.
luridus, L. . . . . idem, idem.
affinis, Brullé. . . . . . idem, moins commun.

Limnebius, Leach.

truncatellus, Thunb. . . dans les Vosges, assez commun.
papposus, Muls. . . . . idem, idem.
nitidus, Marsh.. . . . . idem, idem.
atomus, Duft. . . . . . très-commun partout.

Cyllidium, Er.

seminulum, Payk. . . . excessivement commun.

SPERCHEI.

Spercheus, Kugelan.

emarginatus, Schall. . . dans les mares des environs de Schiltigheim, tout au fond, entre les racines des plantes.

HELOPHORI.

Helophorus, F.

rugosus, Oliv. . . . . . souvent hors de l'eau; pris à Haguenau, rare.
nubilus, F.. . . . . . . idem, très-commun.
aquaticus, L.. . . . . . idem, idem.
dorsalis, Marsh. . . . . dans les eaux saumâtres; pris à Wissembourg, rare.
obscurus, Muls. . . . . excessivement commun.
aquaticus, Er.
granularis, L. . . . . . idem.
griseus, Hbst. . . . . . dans les montagnes, rare.
pumilio, Er. . . . . . . pris dans la forêt de Vendenheim, très-rare.
nanus, Sturm. . . . . . pris au Neuhof et à Vendenheim, moins rare.

Hydrochus, Leach.

brevis, Hbst. . . . . . . dans les terrains humides, rare.
carinatus, Germ.. . . . dans les fossés, très-commun.
elongatus, Schall. . . . idem, idem.
angustatus, Germ. . . . idem, idem.
nitidicollis, Muls. . . . dans les Vosges, rare.

Ochthebius, Leach.

exsculptus, Germ. . . . aux inondations de la Fecht (Leprieur), et dans les Vosges, rare.
gibbosus, Germ. . . . . assez commun près de Colmar et à Vendenheim.
margipallens, Latr. . . très-commun.
marinus, Payk. . . . . dans les eaux saumâtres, rare.
pygmæus, F. . . . . . . dans les eaux stagnantes, commun.
foveolatus, Germ. . . . idem, assez commun.
æratus, Steph. . . . . . aux bords du Rhin (Wencker), rare.
pellucidus, Muls.

Hydræna, Kugel.

testacea, Curt. . . . . . pris dans les fossés de Vendenheim et aux inondations de la Fecht (Leprieur), assez rare.
riparia, Kug.. . . . . . dans les eaux stagnantes et courantes, commun.
rugosa, Muls. . . . . . pris à Belfort, très-rare.

nigrita, Germ.	dans les Vosges, peu commun.
gracilis, Germ. . . .	idem, plus commun.
flavipes, Sturm.	idem, très-rare.
pulchella, Germ.. . . .	pris aux environs de Bitche, idem.
Sieboldii, Rosenh. . . .	aux environs de Barr, assez répandu.

SPHÆRIDIDÆ.

Cyclonotum, Er.

orbiculare, F.	dans les mares, excessivement commun.

Sphæridium, F.

scarabæoides, L.	dans les excréments des quadrupèdes, très-commun
v. 4-maculatum, Küst.	idem, idem.
bipustulatum, F. . . .	idem, idem.

Cercyon, Leach.

obsoletum, Gyll.	dans les excréments, assez rare.
hæmorrhoidale, F. . . .	idem, commun.
laterale, Marsh.	idem, rare.
hæmorrhoum, Gyll. . .	dans les bouses, idem.
anale, Payk.	dans les endroits humides, idem
pygmæum, Illig.	idem, idem.
aquaticum, Steph. . . .	idem (Vosges), idem.
melanocephalum, L. . .	dans les bouses, idem.
terminatum, Marsh. . .	dans les Vosges, idem.
plagiatum, Er.	
quisquilium, L.	idem, très-commun.
unipunctatum, L. . . .	idem, idem.
nigriceps, Marsh. . . .	idem, idem.
flavipes, F.	idem, rare.
lugubre, Payk.	idem, plus rare.
minutum, F.	idem, rare.
granarium, Er.	idem, très-rare.

Megasternum, Muls.

boletophagum, Marsh..	dans les bolets, très-commun.

Cryptopleurum, Muls.

atomarium, F.	dans les bouses, très-commun.

STAPHILINIDÆ.

ALEOCHARÆ.

Autalia, Steph.

impressa, Oliv..	dans les champignons, très-commun.
rivularis, Grav.	idem, assez rare.

Falagria, Steph.

thoracica, Kurt.	généralement rare, mais assez commun sur les glacis hors la porte de Pierre de Strasbourg.

sulcata, Payk. . . . . . sous les feuilles mortes, très-commun.
sulcatula, Grav. . . . . idem, assez rare.
obscura, Grav. . . . . . idem, commun.
nigra, Grav. . . . . . . idem, idem.

Bolitochara, Mannh.

lucida, Grav. . . . . . . dans les champignons, rare.
lunulata, Payk. . . . . dans les bolets, assez commun.
bella, Mærck. . . . . . pris à Vendenheim, dans les bolets, rare.
obliqua, Er. . . . . . . idem, très-rare.

Silusa, Er.

rubiginosa, Er. . . . . près des plaies des arbres, assez rare.

Stenusa, Kr.

rubra, Er. . . . . près des plaies des arbres, commun.

Ocalea, Er.

castanea, Er. . . . . . sous les feuilles mortes au fond des fossés, rare.
rivularis, Mill. . . . . . idem. assez commun.
decumana, Er. . . . . . dans les Vosges, très rare.
badia, Er. . . . . idem, idem.
concolor, Kiesw. . . . . asez commun aux inondations de la Fecht près de Colmar (Lepricur et Umhang).

Stichoglossa, Fairm.

semirufa, Er. . . . . . en hiver sous l'écorce des platanes, excessivement rare.

Ischnoglossa, Kr.

prolixa, Grav. . . . . . sous les écorces et dans les champignons, rare.
rufo-picea, Kr. . . . . . idem, idem.
corticina, Er. . . . . . idem, idem.

Leptusa, Fairm.

analis, Gyll. . . . . . . sous les écorces, rare.
fumida, Er. . . . . . . idem, idem.
ruficollis, Er. . . . . . idem et dans les fagots, rare.

Thiasophila, Kr.

angulata, Er. . . . . . . avec la fourmi fauve, très-commun.
inquinula, Mærck. . . . idem, plus rare.

Euryusa, Er.

sinuata, Er. . . . . . . avec la fourmi noire, très-commun.
laticollis, Heer. . . . . idem, idem.

Homœusa, Kr.

acuminata, Mærck.. . . en famille avec la fourmi noire, rare

Crataræa, Thoms.

gentilis, Mærck. . . . . avec la fourmi noire, rare.
pulla, Gyll. . . . . . . sous les feuilles mortes et dans les étables, assez rare.
prætexta, Er. . . . . . dans les bergeries et les étables, très-rare.

Aleochara, Grav.

ruficornis, Grav. . . . . sous les feuilles mortes, très-rare.
erythroptera, Grav. . . excessivement rare [1]).
spissicornis, Er. . . . . à Strasbourg et dans les Vosges, très-rare.
fuscipes, F. . . . . . . dans les petits cadavres, très-commun.
Carolinæ, Wenck. . . . trouvé par Mme Wencker dans une forêt de pins près de Neufchâteau (Vosges).
clavicornis, Redt. . . . idem, très-rare.
rufipennis, Er. . . . . . idem, assez rare.
v. lateralis, Heer. . . idem, commun.
lævigata, Gyll. . . . . . dans les Vosges, rare.
tristis, Grav. . . . . . . idem, très-commun.
crassiuscula, Sahlb. . . assez commun.
tristis, Er.
bipunctata, Oliv. . . . . idem.
brevipennis, Grav. . . . idem.
lanuginosa, Grav. . . . idem.
lygæa, Kr. . . . . pris à Vendenheim, très-rare.
procera, Er.
mœsta, Grav. . . . . . dans les champignons, rare.
brunneipennis, Kr. . . dans les Vosges, idem.
mycetophaga, Kr. . . . dans les champignons à Vendenheim, en septembre, commun.
cuniculorum, Kr. . . . sous les détritus, très-rare.
bisignata, Er. . . . . . idem, commun.
bilineata, Gyll. . . . . . idem, idem.
nitida, Grav. . . . . . . dans les bouses, idem.
inconspicua, Aubé. . . près des cadavres, très-rare.
morion, Grav. . . . . . idem, plus commun.

Dinarda, Læch.

Mærckelii, Kiesw. . . . pris à Vendenheim avec la fourmi fauve et le *Myrmica lævidonis*, assez rare.
dentata, Grav. . . . . . idem, moins rare.

Lomechusa, Grav.

strumosa, Grav. . . . . avec les fourmis fauve et jaune, rare; commun dans les inondations du Rhin, près d'Eguisheim, avec la fourmi fauve (Leprieur).

Atemeles, Steph.

inflatus, Zett.. . . . . . dans les Vosges, avec la fourmi fauve, très-rare.
paradoxus, Steph. . . . avec le *Myrmica rubra*, rarement avec la fourmi fauve, assez rare.
emarginatus, Grav. . . sous les pierres avec les *Myrmica*, rarement avec les fourmis rouge et fauve, près du Rhin, rare.

Myrmedonia, Er.

Haworthi, Steph. . . . au pied des arbres près du péage du pont du Rhin (Saulcy), dans les Vosges (Puton), excessivement rare.

[1]) J'ai pris un mâle de cette espèce le 9 avril 1865, dans un sentier des glacis hors la porte de l'Hôpital de Strasbourg. (Silbermann.)

collaris, Payk. . . . . . avec la fourmi fauve, aux îles du Rhin, assez rare.
humeralis, Grav.. . . . avec les fourmis fauve et noire dans les troncs d'arbres, commun.
cognata, Mærck. . . . . aux îles du Rhin, rare.
funesta, Grav. . . . . . avec la fourmi noire, commun.
similis, Mærck. . . . . idem, très-rare.
limbata, Payk. . . . . . en compagnie de la fourmi jaune, commun.
lugens, Grav. . . . . . avec la fourmi noire, rare.
laticollis, Mærck. . . . idem, commun.
canaliculata, F.. . . . . sous les détritus de végétaux, très-commun.

Dasyglossa, Kr.

prospera, Er. . . . . . . cet insecte si rare, je l'ai rencontré par milliers, en septembre 1862, aux bords du Rhin, derrière le péage du grand pont du Rhin, sous des feuilles mortes (Wencker).

Ilyobates, Kr.

nigricollis, Payk. . . . sous les feuilles, près du péage du Rhin et à Türckheim (Martin), rare.
propinquus, Aubé . . . aux bords des mares à Remiremont (Puton), idem.
forticornis, Lacord . . . sous les feuilles près du péage du Rhin, idem.

Callicerus, Grav.

rigidicornis, Er. . . . . sous les feuilles, près du péage du Rhin, très-rare.
obscurus, Grav. . . . . idem, idem.

Calodera, Mannh.

protensa, Mannh. . . . aux bords du Rhin, très-rare.
riparia, Er.. . . . . . . idem, rare.
æthiops, Grav. . . . . . idem, idem.
umbrosa, Er. . . . . . idem, moins rare.
rufescens, Kr. . . . . . aux inondations du Rhin, rare.

Chilopora, Kr.

longitarsis, Er.. . . . . . aux bords de l'eau, très-commun.
rubicunda, Er.. . . . . . aux bords du Rhin, rare.

Tachyusa, Er.

balteata, Er. . . . . . . aux bords de l'eau, assez commun.
constricta, Er. . . . . . idem, idem.
coarctata, Er. . . . . . idem, idem.
scitula, Er.. . . . . . . idem, rare.
umbratica, Er.. . . . . . idem, idem.
atra, Grav.. . . . . idem, très-rare.
concolor, Er.. . . . . . . idem, idem.
forticornis, Fairm. . . . aux inondations de la Brusche, idem.

Ocyusa, Kr.

maura, Er.. . . . . dans les mares et les fossés desséchés de Vendenheim, très-rare.
picina, Aubé . . . . . . idem, idem.

Oxypoda, Mannh.

ruficornis, Gyll. . . . . sous les feuilles mortes, excessivement rare.
lividipennis, Mannh. . . idem. très-commun.
vittata, Mærck. . . . . . dans les forêts, avec la fourmi fauve, moins commun.
opaca, Grav. . . . . . . idem, très-commun.
longiuscula, Er. . . . . sous les feuilles mortes, assez rare.
tumidula, Kr. . . . . . idem, idem.
umbrata, Er.
lentula, Er. . . . . . . dans les bouses, idem.
umbrata, Gyll. . . . . . sous les feuilles et les détritus, idem.
caniculina, Er.
togata, Er. . . . . idem, rare.
abdominalis, Mannh. . pris à Strasbourg par feu M. Ott, très-rare.
planipennis, Thoms. . en été, dans les mares desséchées près du pont du grand Rhin, commun.
exigua, Er. . . . . idem, assez commun.
alternans, Grav. . . . . dans les champignons, très-commun.
rufula, Muls. . . . . . . sous les écorces de chênes, très-rare.
formiceticola, Mærck. . avec la fourmi fauve, à Vendenheim, commun.
hæmorrhoa, Sahlb. . . . idem, idem.
amœna, Fairm. . . . . idem, très-rare.
annularis, Sahlb.. . . . sous les détritus de végétaux, rare.
ferruginea, Er. . . . . . aux plaies des arbres, idem.

Homalota, Mannh.

gracilicornis, Er. . . . . aux bords du Rhin, très-rare.
fragilicornis, Kr.. . . . idem, idem.
umbonata, Er. . . . . . idem, assez commun.
nitidula, Thoms. . . . sous les feuilles, à l'Orangerie de Strasbourg, très-commun.
graminicola, Er. . . . . dans les forêts, assez commun.
languida, Er.. . . . . . aux inondations du Rhin, très-rare.
pavens, Er. . . . . . . idem, idem.
gregaria, Er. . . . . . . aux bords du Rhin, très-commun.
elongatula, Er.. . . . . sous les feuilles, idem.
terminalis, Gyll. . . . . idem, moins commun.
hygrobia, Thoms. . . . aux bords des mares, à Remiremont (Puton), rare.
luridipennis, Mannh. . sous les feuilles, très-rare.
fluviatilis, Kr. . . . . . aux bords du Rhin, idem.
luteipes, Er. . . . . . . idem, idem.
meridionalis, Muls. . . idem, idem.
velata, Er. . . . . idem, assez répandu.
labilis, Er. . . . . idem, commun.
longula, Heer. . . . . . idem, très-rare.
subtilissima, Kr. . . . . idem, idem.
occulta, Er. . . . . . . idem, idem.
æquata, Er. . . . . . . sous les écorces, commun.
angustula, Gyll. . . . . sous les feuilles, idem.
linearis, Er. . . . . . . idem, idem.
debilis, Er. . . . . . . aux bords du Rhin, idem.
rufo-testacea, Kr.. . . . dans le gravier aux bords du Rhin, très-rare.

macella, Er.	dans le gravier aux bords du Rhin, très-rare.
ægra, Heer.	idem, assez rare.
deplanata, Grav.	sous les feuilles et les écorces, idem.
plana, Mannh.	aux bords du Rhin, commun.
cuspidata, Er.	sous les écorces, commun.
atomaria, Kr.	sous les feuilles, moins commun.
gemina, Er.	dans les prés humides, très-commun.
analis, Er.	excessivement commun.
vilis, Er.	idem.
palleola, Er.	dans la forêt de Vendenhein, assez rare.
exilis, Er.	idem, rare.
pallens, Redt.	dans des champignons, à Vendenheim, commun.
inconspicua, Er.	sous les feuilles et dans le chêne carié, assez rare.
Talpa, Heer.	avec la fourmi fauve, commun.
flavipes, Er.	idem, idem.
confusa, Mærck.	idem, moins commun.
anceps, Er.	idem, rare.
brunnea, Er.	près des plaies des arbres, commun.
nigrifrons, Er.	dans les Vosges, en tamisant (Puton).
hepatica, Er.	sous les feuilles mortes, fort rare.
merdaria, Thoms. . . .	dans les fumiers, commun.
validicornis, Mærck. . .	idem, idem.
trinotata, Kr.	dans les champignons, idem.
fungicola, Thoms. . . .	dans les fumiers et les cadavres, idem.
sublinearis, Kr.	idem, rare.
xanthopus, Thoms. . .	idem, plus rare.
nigritula, Grav.	dans les champignons, commun.
sodalis, Er.	avec la fourmi fauve, rare.
divisa, Mærck.	aux bords du Rhin, assez rare.
nigricornis, Thoms. . .	idem, rare.
coriaria, Kr.	idem, idem.
autumnalis, Er.	idem, assez répandu.
gagatina, Baud.	idem, idem.
myrmecobia, Kr.	avec la fourmi fauve, rare.
nigra, Kr.	idem, commun.
cinnamomea, Er.	aux plaies des arbres, rare.
hospita, Mærck.	idem, idem.
scapularis, Sahlb. . . .	commun au printemps sous les feuilles mortes à l'embouchure du canal du Rhône au Rhin, en face de l'écluse, dans un bosquet; ailleurs très-rare.
dilaticornis, Kr.	sous les feuilles, très-rare.
oblita, Er.	aux bords du Rhin, commun.
sericea, Muls.	idem, assez rare.
sordidula, Er.	idem, idem.
inquinula, Er.	dans les prés humides, très-commun.
marcida, Er.	aux bords du Rhin, assez commun.
longicornis, Er.	dans les fumiers, commun.
atramentaria, Gyll. . . .	dans les inondations du Rhin, très-rare.
lævana, Muls.	à Remiremont, en tamisant (Puton).
ravilla, Er.	aux bords du Rhin et dans les Vosges, rare.

palustris, Kiesw. . . . . sous les feuilles, très-rare.
lepida, Kr. . . . . aux bords du Rhin, idem.
liliputana, Bris. . . . . idem, rare.
melanaria, Sahlb. . . . dans les fumiers, très-commun.
lividipennis, Er.
cadaverina, Bris. . . . . sous la charogne, rare.
aterrima, Grav. . . . . idem, idem.
pygmæa, Grav. . . . . . dans les îles du Rhin, rare.
fusca, Sahlb. . . . . . . aux bords des étangs, très-commun.
subsinuata, Er. . . . . . pris à Vendenheim, rare.
sinuatocollis, Bris. . . . sur les montagnes, rare.
parva, Sahlb. . . . . . sous les feuilles mortes; rare.
stercoraria, Kr. . . . . dans les fumiers, idem.
celata, Er. . . . . sous les feuilles mortes, idem.
spreta, Fairm. . . . . . pris à Vendenheim, idem.
fungi, Er.. . . . . sous les feuilles, dans les fumiers, très-commun.
orbata, Er. . . . . idem, rare.
orphana, Er. . . . . . . dans les prés humides, idem.
notha, Er. . . . . dans la forêt de Brumath, idem.
cæsula, Er. . . . . idem, très-rare.
circellaris, Grav. . . . . sous les feuilles, dans les souches, très-commun.
flava, Kr. . . . . idem, très-rare.

Placusa, Er.

complanata, Er. . . . . sous les écorces et aux plaies des arbres, pris à Ven-
pumilio, Grav. . . . . . idem, moins rare. [denheim, rare.
infima, Er. . . . . idem, assez rare.

Phlœopora, Er.

reptans, Grav. . . . . . sous les écorces de platanes, assez rare, surtout l'hiver.
corticalis, Er. . . . . . idem, plus rare.

Hygronoma, Er.

dimidiata, Grav. . . . . aux bords de l'eau à la Robertsau, près Strasbourg, et à Colmar, assez commun.

Schistoglossa, Kr.

viduata, Er. . . . . . . pris à Vendenheim, très-rare.

Encephalus, West.

complicans, West. . . . dans les champignons (Capiomont), très-rare.

Oligota, Mannh.

pusillima, Grav. . . . . sous les feuilles mortes, très-commun.
atomaria, Er.. . . . . . généralement dans les caves, sur de vieux paniers d'osier, rare.
inflata, Mannh.. . . . . à Strasbourg, dans les caves, assez commun.
granaria, Er. . . . . . . idem, très-rare.
flavicornis, Lacd. . . . au vol, vers le soir, très-rare.

Gyrophæna, Mannh.

nitidula, Gyll. . . . . . dans les champignons et sous les bolets, rare.
pulchella, Heer. . . . . idem (Belfort, Mulhouse), rare.
affinis, Sahlb. . . . . . dans les champignons, idem.
nana, Payk. . . . . . . idem, assez commun.
congrua, Er. . . . . . . idem, idem.
lucidula, Er. . . . . . . idem, idem.
minima, Er. . . . . . . au pied des arbres, très-rare.
strictula, Er. . . . . . . dans les champignons, idem.
polita, Grav. . . . . . . idem, rare.
manca, Er. . . . . idem, pris à Vendenheim, assez rare.
Boleti, L. . . . . idem, idem, rare.

Agaricochara, Kr.

lævicollis, Kr. . . . . . dans les bolets, pris à Vendenheim, assez rare.

Pronomæa, Er.

rostrata, Er. . . . . . . sous les détritus, assez rare.

Myllæna, Er.

dubia, Grav. . . . . . . dans les endroits humides, assez répandu.
intermedia, Er. . . . . idem, sur les fleurs, moins commun.
minuta, Grav. . . . . . idem, idem, commun.
gracilis. Heer. . . . . . idem, idem, très-rare.
glauca, Aubé. . . . . . idem, idem, moins rare.

Gymnusa, Er.

brevicollis, Payk. . . . dans les mousses humides, excessivement rare.

Dinopsis, Math.

fuscatus, Math. . . . . dans les mousses humides, pris à Vendenheim, très-[rare.

Hypocyptus, Mannh.

longicornis, Payk. . . . sous les feuilles mortes, très-répandu.
pulicarius, Er. . . . . . idem, moins commun.
læviusculus, Mannh. . . idem, idem.
seminulum, Er. . . . . idem, idem.

Trichophya, Mannh.

pilicornis, Gill. . . . . dans les souches de saules, très-rare.

Habrocerus, Er.

capillaricornis, Grav. . sous les feuilles mortes, très-commun.

Leucoparyphus, Kr.

silphoides, L. . . . . . dans le fumier de cheval (Vosges), assez rare.

Tachinus, Grav.

humeralis, Grav. . . . dans les champignons, assez rare.
proximus, Kr. . . . . . sous les feuilles mortes (Haguenau, Vosges), rare.
rufipes, De Geer. . . . dans les végétaux en décomposition, commun.
flavipes, F. . . . . idem, assez rare, plus répandu dans les Vosges.

rufipennis, Gyll. . . . . dans les environs de Saar-Union et de Bitche (Bellevoye), très-rare.
pallipes, Grav. . . . . . dans les Vosges, rare.
bipustulatus, F. . . . . aux bords du Rhin, très-rare.
subterraneus, L. . . . . pris à Vendenheim, idem.
fimetarius, Grav. . . . en quantité sur l'aubépine en fleurs, au Neuhof.
marginellus, F. . . . . sous les détritus, assez rare.
laticollis, F. . . . . . . dans les îles du Rhin, commun.
collaris, Grav. . . . . . idem, moins commun.
elongatus, Gyll. . . . . pris à Vendenheim dans les bouses de vaches, très-rare.

Tachyporus, Grav.

obtusus, L. . . . . sous les feuilles mortes, très-commun.
formosus, Math. . . . . idem, idem.
abdominalis, Er. . . . . idem, dans les Vosges (Puton), rare.
solutus, Er. . . . . . . idem, très-commun.
chrysomelinus, L. . . . idem, idem.
hypnorum, F. . . . . . idem, idem.
ruficollis, Grav. . . . . idem, idem.
humerosus, Er. . . . . idem, moins commun.
transversalis, Grav. . . idem, pris en grand nombre à Vendenheim (Wenecker).
scitulus, Er. . . . . . . idem, commun.
pusillus, Grav. . . . . . idem, rare.
brunneus, F. . . . . . . idem, très-commun.

Lamprinus, Heer.

saginatus, Grav. . . . . dans les Vosges, excessivement rare.
erythropterus, Panz. . . pris à Haguenau, idem.

Conosoma, Motsch.

littoreum, L. . . . . . . dans les matières en décomposition, assez répandu.
pubescens, Grav. . . . idem, très-répandu.
fusculum, Grav. . . . . idem, moins commun.
pedicularium, Grav. . . idem, idem.
lividum, Er. . . . . . . idem, idem.
bipustulatum, Grav. . . idem, rare.
bipunctatum, Grav. . . idem, idem.

Bolitobius, Steph.

analis, Payk. . . . . . . dans les matières en décomposition, rare.
cingulatus, Mannh. . . idem, très-rare.
inclinans, Grav. . . . . aux inondations du Rhin, rare.
bicolor, Grav. . . . . . en Alsace et dans les Vosges, rare.
formosus, Grav. . . . . dans les matières en décomposition, moins rare.
atricapillus, F. . . . . . dans les champignons, commun.
lunulatus, L. . . . . . . idem, rare.
striatus, Oliv. . . . . . idem, idem.
trimaculatus, F. . . . . idem, à Vendenheim et dans les Vosges (Ott).
trinotatus, Er. . . . . . idem, très-commun.
exoletus, Er. . . . . . . idem, idem.
pygmaeus, Er. . . . . . idem, idem.

Bryoporus, Kr.

cernuus, Grav. . . . . . dans les champignons, surtout dans les Vosges, rare.
rufus, Er. . . . . idem, idem.

Mycetoporus, Mannh.

angularis, Muls. . . . . dans les bolets, assez rare.
lucidus, Er. . . . . . . dans les champignons, idem.
punctus, Gyll. . . . . . sous les feuilles mortes, rare.
splendens, Marsh. . . . dans les champignons, peu commun.
longulus, Mannh. . . . idem, assez commun.
ruficornis, Kr. . . . . . idem, pris à Vendenheim, assez rare.
lepidus, Grav. . . . . . dans les champignons, peu commun.
nanus, Er. . . . . idem, commun.
pronus, Er. . . . . . . idem, peu commun.
ruficollis, Mæklin. . . . idem, rare.
longicornis, Mæklin. . . idem, pris à Strasbourg, à Vendenheim, au Neuland dans la forêt de Haguenau, à Remiremont, rare.
splendidus, Grav.

QUEDII.

Acylophorus, Nordm.

glabricollis, Grav. . . . dans les mousses humides, très-rare.

Euryporus, Er.

picipes, Payk. . . . . . dans les mousses humides, pris à Vendenhein et à Türckheim par M. Martin, très-rare.

Heterotops, Steph.

prævius, Er. . . . . . . sous les feuilles sèches et les bolets, rare.
binotatus, Er. . . . . . idem, souvent dans les caves.
dissimilis, Grav. . . . . idem, rare.
4-punctulus, Grav. . . idem, très-rare.

Quedius, Steph.

dilatatus, F. . . . . . . pris un seul individu près d'un nid de guêpes dans la forêt de Harthausen, près de Haguenau (Wencker), excessivement rare.
lateralis, Grav. . . . . . dans les forêts, assez rare.
fulgidus, F. . . . . . . idem, commun.
longicornis, Kr. . . . . près du grand Rhin, très-rare.
truncicola, Fairm. . . . aux plaies des arbres à Strasbourg, au Contades et route du Rhin.
cruentus, Oliv. . . . . . idem, idem, assez rare.
xanthopus, Er. . . . . . plutôt dans les montagnes, idem.
scitus, Er. . . . . idem, idem.
lævigatus, Gyll. . . . . sous les feuilles mortes, très-rare.
punctatellus, Heer. . . pris un seul individu, par M. Puton, dans les Hautes-Vosges.
impressus, Panz. . . . dans les bouses, très-commun.
brevis, Er. . . . . avec la fourmi fauve, à Vendenheim, assez commun.
molochinus, Grav. . . . sous les feuilles, assez répandu.
tristis, Grav. . . . . . . idem, rare.

fuliginosus, Grav. . . . sous les feuilles, moins rare.
picipes, Mannh. . . . . idem, très-rare.
ochropterus, Er. . . . . idem, dans les Vosges, assez répandu.
fimbriatus, Er. . . . . . idem, rare.
peltatus, Er. . . . . . . idem, très-rare.
præcox, Er. . . . . . . idem, moins rare.
anceps, Fairm. . . . . . idem, assez répandu.
cincticollis, Kr. . . . . idem, très-rare.
umbrinus, Er. . . . . . idem, commun.
modestus, Kr. . . . . . idem, très-rare.
suturalis, Kiesw. . . . . idem, idem.
mauro-rufus, Grav. . . à l'Orangerie de Strasbourg, moins rare.
rufipes, Grav. . . . . . à Vendenheim, rare.
monticola, Er. . . . . . dans les Vosges, rare.
semiobscurus, Marsh. . à l'Orangerie de Strasbourg, répandu.
attenuatus, Gyll. . . . . assez rare partout et isolément.
boops, Grav. . . . . à Vendenheim, rare.
alpestris, Heer. . . . . dans les Vosges, très-rare.
scintillans, Grav. . . . . idem, idem.

Astrapæus, Grav.

Ulmi, Rossi. . . . . . . dans les forêts, très-rare.

PHILONTHI.

Creophilus, Kirb.

maxillosus, L. . . . . . dans les cadavres, très-commun.

Emus, Curt.

hirtus, L. . . . . dans les crottins et les bouses, assez commun.

Leistotrophus, Perty.

nebulosus, F. . . . . dans les crottins et les bouses, assez commun.
murinus, F. . . . . . . idem, plus commun.

Staphylinus, L.

stercorarius, Oliv. . . . dans les excréments humains, commun.
chalcocephalus, F. . . . idem, idem.
latebricola, Grav. . . . dans les Vosges, rare.
fulvipes, Scop. . . . . . aux inondations, au Contades près de Strasbourg, [commun.
chrysocephalus, Fourc. dans les charognes, très-rare.
pubescens, De Geer. . . dans les fumiers, peu commun.
erythropterus, L. . . . dans les montagnes, assez répandu.
cæsareus, De Geer . . . sur les routes, très-commun.
fossor, Scop. . . . . . . sur les montagnes, sous les écorces et dans les vieilles souches, assez rare.

Ocypus, Steph.

olens, Müll. . . . . . . sur les routes et sous les pierres, très commun.
cyaneus, Payk. . . . . . sur les routes, commun.
similis, F. . . . . idem, idem.
brunnipes, F. . . . . . à Strasbourg, assez commun.

fuscatus, Grav. . . . . . dans les montagnes, assez répandu.
picipennis, F. . . . . . dans les îles du Rhin, assez rare.
cupreus, Rossi. . . . . à Vendenheim, idem.
fulvipennis, Er. . . . . idem, idem.

Tasgius, Steph.

pedator, Grav. . . . . . dans les îles du Rhin, très-rare.
ater, Grav. . . . . pris à Haguenau, idem.

Anodus, Nordm.

morio, Grav. . . . . . . très-commun partout.
cerdo, Er. . . . . aux inondations du Rhin, rare.
compressus, Marsh. . . pris à Belfort et à Remiremont par M. Puton, très-[rare.

Philonthus, Leach.

splendens, F. . . . . . surtout dans les Hautes-Vosges (Silberm.), assez rare.
intermedius, Lacd. . . sous les détritus, assez commun.
laminatus, Creutz. . . . idem, très-commun.
lævicollis, Lacd. . . . . pris à Colmar par M. Kampmann, rare.
cyanipennis, F. . . . . . en septembre, dans les champignons, assez commun.
nitidus, F. . . . . sous les feuiles mortes, rare.
carbonarius, F. . . . . dans les champignons, à Vendenheim, assez com-[mun.
æneus, Rossi. . . . . . sous les feuilles mortes, très-commun.
tenuicornis, Muls. . . . dans les Vosges, sous les feuilles mortes (Puton).
scutatus, Er. . . . . . . idem, très-rare.
decorus, Grav. . . . . . idem, assez commun.
politus, F. . . . . idem, très-commun.
lucens, Mannh. . . . . idem, rare.
atratus, Grav. . . . . . sous les feuilles mortes, à la Robertsau, près de Strasbourg, commun.
marginatus, F. . . . . . dans les crottins et les bouses, assez rare.
umbratilis, Grav. . . . pris dans la vallée de Thann, très-rare.
varius, Gyll. . . . . . . dans la forêt du Neuhof, très-commun.
v. bimaculatus, Nordm. sous les feuilles, idem.
albipes, Grav. . . . . . dans les Vosges, rare.
lepidus, Grav. . . . . . pris à Vendenheim, rare.
nitidulus, Grav. . . . . aux bords du Rhin, très-rare.
sordidus, Grav. . . . . dans les Vosges, rare.
fimetarius, Grav. . . . sous les feuilles, très-commun.
cephalotes, Grav. . . . au Neuhof sous les feuilles, rare
ebeninus, Grav. . . . . idem, très-commun.
v. corruscus, Grav. . idem, idem.
v. ochropus, Grav. . idem, moins commun.
corvinus, Er. . . . . . . sous les feuilles mortes, rare.
fumigatus, Er. . . . . . dans les végétaux décomposés, assez rare.
bipustulatus, Panz. . . idem, idem.
sanguinolentus, Grav. . dans les crottins, idem.
opacus, Gyll. . . . . . . idem, très-répandu.
varians, Payk.
agilis, Grav. . . . . . . idem, idem.

debilis, Grav. . . . . . pris à Vendenheim sous les feuilles, très-rare.
ventralis, Grav. . . . . dans les Vosges, rare.
discoideus, Grav. . . . souvent au vol par la chaleur, rare.
vernalis, Grav. . . . . . sous les détritus, très-commun.
quisquiliarius, Gyll. . . pris au Neuhof, rare.
splendidulus, Grav. . . sous les détritus, très-commun.
rufimanus, Er. . . . . . dans le gravier, au bord de la Brusche, commun.
fumarius, Grav. . . . . sous les feuilles mortes, assez rare.
nigrita, Nordm. . . . . idem, dans les Vosges (Ott), rare.
micans, Grav. . . . . . dans les Vosges, rare.
fulvipes, F. . . . . à Vendenheim, commun.
exiguus, Nordm. . . . sous les feuilles mortes, assez rare.
nigritulus, Grav. . . . . dans les Vosges, répandu.
tenuis, Nordm. . . . . . dans les îles du Rhin, au pied des arbres, dans les crottins, très-commun.
v. gracilis, Letz. . . . très-rare, un sur mille.
punctus, Grav. . . . . . dans les fossés desséchés, près du Rhin, assez rare.
puella, Nordm. . . . . au Neuhof et au Contades près de Strasbourg, aux
rufipennis, Grav. plaies des arbres, très-rare.
sericeus, Holm. . . . . aux bords de l'eau, rare.
cinerascens, Grav. . . . aux inondations du Rhin, commun.
signaticornis, Muls. . . sous les détritus, dans les Vosges, rare.
elongatus, Er. . . . . . aux bords de l'eau, commun.
procelurus, Grav. . . . idem, rare.
prolixus, Er. . . . . . . idem, idem.

Xantholinus, Serv.

glabratus, Grav. . . . . sous les végétaux décomposés, assez rare.
punctulatus, Payk. . . . idem, très-commun.
ochraceus, Gyll. . . . . idem, assez commun.
atratus, Heer. . . . . . à Vendenheim, avec la fourmi fauve, commun.
tricolor, F. . . . . sous les feuilles, très-commun.
distans, Kr. . . . . . . idem, assez rare.
elegans, Oliv. . . . . . . idem, commun.
rufipennis, Er. . . . . . idem, moins commun.
glaber, Er. . . . . avec la fourmi fauve, très-rare.
v. flavipennis, Redt. . moins rare que le type.
longiventris, Heer. . . . sous les détritus, assez rare.
linearis, F. . . . . sous les végétaux pourris, très-commun.
fulgidus, F. . . . . . . idem, idem.
lentus, Grav. . . . . . . dans les Vosges, très-rare.

Leptacinus, Er.

parumpunctatus, Gyll. . sous les feuilles mortes, peu commun.
batychrus, Gyll. . . . . dans les fourmilières, idem.
linearis, Grav. . . . . . idem, commun.
formicetorum, Mærck. . idem, idem.

Baptolinus, Kr.

pilicornis, Er. . . . . . dans les Vosges, sous les écorces, commun.

Othius, Steph.

fulvipennis, F. . . . . . sous les pierres, commun.
punctipennis, Lacd. . . idem, rare.
melanocephalus, Grav. . idem, idem.
myrmecophilus, Kiesw. à Vendenheim, avec la fourmi fauve, commun.

Lathrobium, Grav.

brunnipes, F. . . . . . sous les végétaux décomposés, commun.
elongatum, L. . . . . . idem, très-commun.
fulvipenne, Grav. . . . idem, idem.
rufipenne, Gyll. . . . . aux bords du Rhin et au Neuland (Leprieur). rare.
lævipenne, Heer. . . . pris à Plombières par M. Bellevoye, rare.
multipunctatum, Grav. . aux bords du Rhin, commun.
quadratum, Payk. . . . idem, assez rare.
terminatum, Grav. . . . idem, moins rare.
punctatum, Zett. . . . idem, rare.
suturale, Wenck. . . . pris un individu près de Strasbourg[1]).
dilutum, Er. . . . . . . pris un individu dans la forêt de Haguenau, près de Surbourg (Wencker[2]).
filiforme, Grav. . . . . aux bords du Rhin, commun.
longulum, Grav. . . . . idem, idem.
longipenne, Fairm. . . aux inondations près de Belfort, commun.
pallidum, Nordm. . . . aux bords du Rhin, rare.
spadiceum, Er. . . . . . aux inondations de la Lauch (Robin).
angusticolle, Lacd. . . . aux bords du Rhin, très-rare.
picipes, Er. . . . . . . aux bords du Rhin et de la Fecht, assez répandu.
scabricolle, Er. . . . . sous les mousses, pris à Vendenheim, très-rare.

Achenium, Steph.

depressum, Grav. . . . rare aux bords de la Brusche; commun dans les inondations.
humile, Nicolaï. . . . . idem, idem.

Dolicaon, Cast.

biguttulum, Er. . . . . sous les feuilles mortes, à Haguenau (Billot).

Cryptobium, Mannh.

fracticorne, Payk. . . . très-commun, surtout dans les inondations.

Stilicus, Latr.

fragilis, Grav. . . . . . aux bords du Rhin, rare.
rufipes, Germ. . . . . sous les détritus, très-commun.
subtilis, Er. . . . . . . idem, idem.
similis, Er. . . . . idem, idem.
geniculatus, Er. . . . . idem, très-rare.
affinis, Er. . . . . idem, commun.
orbiculatus, Payk. . . . pris dans la forêt de Haguenau, peu rare.

1) Cette espèce n'est peut-être pas rare, mais elle est probablement confondue avec ses congénères.

2) On n'avait pas encore signalé cette espèce en France.

Scopæus, Er.

Erichsonii, Kolen. . . . dans les inondations du Rhin, commun.
lævigatus, Gyll. . . . . sous les végétaux décomposés, idem.
didymus, Er. . . . . . idem, rare.
sericans, Muls. . . . . . idem, idem.
minutus, Er. . . . . . . idem, moins rare.
v. debilis, Muls. . . . idem, idem.
minimus, Er. . . . . . idem, idem.

Lithocharis, Lacd.

castanea, Grav. . . . . . aux bords du Rhin (Wencker), très-rare.
diluta, Er. . . . . idem, idem.
fuscula, Mannh. . . . . idem, moins rare.
brunnea, Er. . . . . . . idem, assez rare.
rufiventris, Nordm. . . idem, rare.
ochracea, Grav. . . . . idem, commun.
ruficollis, K. . . . . . . avec la fourmi fauve, idem.
melanocephala, F. . . . sous les feuilles mortes, idem.
obsoleta, Nordm. . . . . idem, assez rare.
aterrima, de Saulcy. . . idem, pris à Strasbourg (Wencker), très-rare.

Sunius, Steph.

filiformis, Latr. . . . . sous les feuilles mortes, commun.
intermedius, Er. . . . . idem, idem.
angustatus, Payk. . . . idem, idem.
neglectus, Mærk. . . . idem, idem.

Pæderus, Grav.

littoralis, Grav. . . . . aux bords de l'eau, très-commun.
brevipennis, Lacd. . . . idem, à Vendenheim, moins commun.
riparius, L. . . . . . . idem, très-commun.
longipennis, Er. . . . . idem. idem.
caligatus, Er. . . . . . idem, assez rare.
limnophilus, Er. . . . . idem, idem.
ruficollis, F.. . . . . . . aux bords de la Brusche, très-commun.
gemellus, K. . . . . . . au Rhin, idem.

Evæsthetus, Grav.

scaber, Grav. . . . . . dans les inondations, assez commun.
læviusculus, Mannh. . . idem, moins commun.
ruficapillus, Lacd. . . . sous les feuilles mortes, plus commun.

Dianous, Curt.

cœrulescens, Gyll. . . . sur les pierres recouvertes de mousse des ruisseaux [des Vosges.

Stenus, Latr.

biguttatus, L. . . . . . aux bords de l'eau, très-commun,
bipunctatus, Er. . . . . idem, idem.
longipes, Heer. . . . . aux bords du Rhin, très-rare.
guttula, Mull. . . . . . idem, commun.
stigmula, Er. . . . . . . idem, très-rare.

bimaculatus, Gyll. . . . aux bords de l'eau, commun.
Juno, F. . . . . idem, idem.
asphaltinus, Er. . . . . sous les feuilles mortes, rare.
ater, Mannh. . . . . . . idem, commun.
argentellus, Thoms. . . idem, assez rare.
carbonarius, Er.
ruralis, Er. . . . . . . idem, rare.
buphthalmus, Grav. . . idem, commun.
carbonarius, Gyll. . . . idem, idem.
nitidus, Lacd. . . . . . aux bords de l'eau, assez rare.
atratulus, Er.. . . . . . idem, dans les Vosges, idem.
cinerascens, Er. . . . idem, idem.
exiguus, Er. . . . . . . idem, à Haguenau, idem.
pusillus, Er. . . . . . . idem, commun.
speculator, Er. . . . . . idem, idem.
providus, Er. . . . . . idem, assez rare.
scrutator, Er. . . . . . idem, rare dans toute l'Alsace et les Vosges.
sylvester, Er. . . . . . . idem, fort rare.
fossulatus, Er. . . . . . idem, idem.
aterrimus, Er. . . . . . avec la fourmi fauve, assez rare.
excubitor, Er. . . . . . sous les feuilles mortes, idem.
Argus, Grav. . . . . . . dans les Vosges, rare.
vafellus, Er. . . . . . . pris à Vendenheim, rare.
fuscipes, Grav. . . . . . sous les végétaux, très-commun.
humilis, Er. . . . . . . idem, idem.
circularis, Grav. . . . . idem, idem.
declaratus, Er. . . . . . idem, commun.
nigritulus, Er. . . . . . idem, dans toute l'Alsace, mais toujours rare.
crassiventris, Thoms. . idem, idem.
unicolor, Er. . . . . . . idem, assez répandu.
opticus, Grav. . . . . . idem, idem.
subimpressus, Er. . . . idem, idem.
binotatus, Ljung. . . . idem, idem.
plantaris, Er. . . . . . idem, idem.
bifoveolatus, Gyll. . . . idem, moins répandu.
decipiens, Leprieur. . . idem, peu rare dans toute l'Alsace.
rusticus, Er. . . . . . . idem, , assez commun.
tempestivus, Er. . . . pris en juin, près du lac de Lispach, par M. Leprieur,
picipennis. . . . . sous les végétaux, rare. [rare.
subæneus, Er. . . . . . sous les feuilles mortes, assez rare.
impressus, Germ. . . . idem, idem.
geniculatus, Grav. . . . idem, très-rare.
flavipes, Er. . . . . . . idem, commun.
palustris, Er. . . . . . idem, à Haguenau, rare.
pallipes, Grav. . . . . . idem, commun.
fuscicornis, Er. . . . . sous les feuilles mortes, dans les Vosges, rare.
filum, Er. . . . . idem, à Vendenheim, moins rare.
tarsalis, Ljungh. . . . . idem, commun.
oculatus, Grav. . . . . idem, très-rare.
solutus, Er. . . . . . . idem, rare.

cicindeloides, Grav. . . . sous les feuilles mortes, très-commun.
paganus, Er. . . . . . . idem, très-rare.
latifrons, Er. . . . . . . dans les Vosges, sous les feuilles mortes, rare.
contractus, Er. . . . . . à Vendenheim, dans les mares desséchées, très-rare.

OXYTELI.

Oxyporus, F.

rufus, L. . . . . dans les champignons, commun.
maxillosus, F. . . . . . idem, très-rare.

Bledius, Steph.

tricornis, F. . . . . . . à Haguenau, dans les mares, et aux environs de Colmar (Kampmann), rare.
subterraneus, Er. . . . dans les mares desséchées, commun.
pallipes, Grav. . . . . . idem, idem.
tibialis, Heer. . . . . . aux bords du Rhin, rare.
opacus, Block. . . . . . idem, commun.
fracticornis, Payk. . . idem, idem.
rufipennis, Er. . . . . . idem, rare.
crassicollis, Lacd. . . . idem, commun.

Platysthetus, Mannh.

spinosus, Er. . . . . . . dans les crottins, commun.
cornutus, Grav. . . . . idem, idem.
morsitans, Payk. . . . . idem, idem.
capito, Heer. . . . . . . idem. assez rare.
nodifrons, Sahlb. . . . idem, idem.
nitens, Sahlb. . . . . . idem, rare.

Oxytelus, Grav.

rugosus, F. . . . . dans les crottins, très-commun.
fulvipes, Er. . . . . . . idem, très-rare.
insecatus, Grav. . . . . idem, assez commun.
piceus, L. . . . . idem, très-commun.
sculptus, Grav. . . . . . idem, assez rare.
inustus, Grav. . . . . . idem, commun.
sculpturatus, Grav. . . idem, idem.
complanatus, Er. . . . idem, idem.
intricatus, Er. . . . . . idem, idem.
nitidulus, Grav. . . . . idem, idem.
depressus, Grav. . . . . idem, très-commun.
hamatus, Fairm. . . . . idem, à Vendenheim, rare.

Haploderus, Steph.

cælatus, Grav. . . . . . dans les bouses et dans les inondations, très-commun.
caesus, Er. . . . . idem. rare.

Thinodromus, Kr.

dilatatus, Er.[1] . . . . . sous le gravier des bords du Rhin, rare.

[1]) Dans le Bulletin de la Société d'histoire naturelle de Colmar, page 45, M. Leprieur cite cet insecte comme ayant été pris dans les débris des inondations de l'Ill et de la Fecht: c'est au *Trogophlæus scrobiculatus*, Er., qu'il faut rapporter son insecte.

Trogophlœus, Mannh.

scrobiculatus, Er. . . . aux inondations de la Fecht (Leprieur), rare.
riparius, Lacd. . . . . . aux bords de l'eau, assez commun.
bilineatus, Steph. . . . idem, très-commun.
obesus, Kiesw. . . . . . dans les Vosges, rare.
inquilinus, Er. . . . . . aux bords de l'eau, rare.
corticinus, Er. . . . . . idem, très-commun.
exiguus, Er. . . . . . . aux bords du Rhin, assez répandu.
foveolatus, Sahlb. . . . idem, rare.
punctatellus, Er. . . . . idem, idem.
pusillus, Grav. . . . . . idem, idem.
tenellus, Er. . . . . . . idem, idem.

Thinobius, Kiesw.

delicatulus, Kr. . . . . aux inondations de la Brusche (Wencker), très-rare.
longipennis, Heer. . . . idem, moins rare.
Wenckeri, Fauvel. . . . aux bords du Rhin près du pont du chemin de fer, dans les mares, assez commun.

Ancyrophorus, Kr.

omalinus, Er. . . . . . dans les Vosges, aux bords des rivières, rare.

Syntomium, Curt.

æneum, Müll. . . . . . dans les sablonnières, à Haguenau, rare.

Coprophilus, Latr.

striatulus, F. . . . . . . rare à Strasbourg, commun près de Colmar.

Compsochilus, Kr.

palpalis, Er. . . . . . . en fauchant les prés par des soirées chaudes, rare.

Acrognathus, Er.

mandibularis, Gyll. . . dans les inondations, rare.

Deleaster, Er.

dichrous, Grav. . . . . aux bords du Rhin, très-commun.

OMALIA.

Anthophagus, Grav.

armiger, Grav. . . . . . dans les Vosges, sur les fleurs, rare.
caraboides, L. . . . . . aux bords du Rhin et dans les Vosges, assez commun.
testaceus, Grav. . . . . idem, idem.
alpinus, Grav. . . . . . idem, dans les Vosges, idem.
præustus, Müll. . . . . dans les Vosges, rare.
plagiatus, F. . . . . . . aux bords du Rhin et dans les Vosges, rare.

Lesteva, Latr.

pubescens, Mannh. . . près des ruisseaux, à Wissembourg, rare.
bicolor, F. . . . . idem, à Strasbourg, très-commun.

Acidota, Leach.

crenata, F. . . . . à Haguenau, sous les feuilles mortes, très-rare.
cruentata, Mannh. . . . idem, idem.

Olophrum, Er.

piceum, Gyll. . . . . . à Haguenau, sous les feuilles mortes, assez commun.

Lathrimæum, Er.

melanocephalum, Illig. sous les feuilles sèches, commun.
atrocephalum, Gyll. . . idem, idem.
luteum, Er. . . . . idem, rare.

Amphicroum, Er.

canaliculatum, Er. . . . pris à Wissembourg, rare.

Deliphrum, Er.

tectum, Payk. . . . . . à Haguenau, aux plaies des arbres, rare.
crenatum, Grav. . . . . idem, très-rare.

Orochares, Er.

angustatus, Er. . . . . sur les montagnes et dans la plaine, souvent au sur les quais de Strasbourg, assez commun.

Arpedium, Er.

quadrum, Grav. . . . . aux bords du Rhin, sous les détritus, commun.

Philorinum, Kr.

humile, Er. . . . . . . dans les Vosges, en fauchant sur les genêts, très-rare.

Omalium, Grav.

rivulare, Grav. . . . . . sur les fleurs, très-commun.
fossulatum, Er. . . . . dans les Vosges, idem, rare.
ferrugineum, Kr. . . . aux inondations du Rhin, idem.
cæsum, Grav. . . . . . idem, commun.
Oxyacanthæ, Grav. . . . idem, idem.
laticolle, Kr. . . . . . . pris à Vendenheim, rare.
exiguum, Gyll. . . . . . dans les Vosges, sur les fleurs.
monilicorne, Gyll. . . idem, idem.
planum, Payk. . . . . . aux plaies des arbres, commun.
pusillum, Grav. . . . . dans les Vosges, rare.
deplanatum, Gyll. . . . sous les écorces, commun.
concinnum, Er. . . . . dans les caves et sous les écorces, rare.
testaceum, Er. . . . . . idem, idem.
vile, Er. . . . . dans les Vosges, commun.
brunneum, Payk. . . . idem, dans les caves, rare.
lucidum, Er. . . . . . idem, idem.
florale, Payk. . . . . . dans les détritus et dans les matières animales, très-commun.
striatum, Grav. . . . . dans le fumier, commun.
pygmæum, Payk. . . . dans les Vosges, en fauchant (Puton), rare.

Eusphalerum, Kr.

triviale, Grav. . . . . . dans les Vosges, rare.

Anthobium, Steph.

signatum, Mærk. . . . dans les Vosges, sur les haies, rare.
abdominale, Oliv. . . . sur les fleurs, commun.
limbatum, Er. . . . . . dans les Vosges, rare.
nigrum, Er. . . . . . . aux inondations de la Brusche, très-rare.
florale, Grav. . . . . . très-commun, surtout dans les montagnes.
minutum, F. . . . . . . idem, rare.
anale, Er. . . . . idem, idem.
montanum, Er. . . , . dans les Vosges, très-rare.
sordidulum, Kr. . . . . idem, peu rare.
longipenne, Er. . . . . dans les Vosges, commun.
scutellare, Er. . . . . . idem, rare.
ophthalmicum, Payk. . dans les champignons, très-commun.
Sorbi, Gyll. . . . . . . idem, idem.
torquatum, Marsh.. . . dans les Vosges, rare.

Proteinus, Latr.

brevicollis, Er. . . . . dans les fagots, commun.
brachypterus, Latr. . . idem, rare.
macropterus, Gyll. . . . idem, idem.
atomarius, Er. . . . . . dans les caves, idem.

Megarthrus, Kirby.

depressus, Payk . . . . à Vendenhein, dans les fagots, très-commun.
sinuatocollis, Lacd. . . idem, moins commun.
denticollis, Beck. . . . idem, assez rare.
v. Bellevoyei, de Saulcy idem, idem.
hemipterus, Illig. . . . idem, plus rare.

Phlœobium, Er.

clypeatum, Müll. . . . sous les feuilles mortes, assez rare.

PHLŒOCHARII.

Phlœocharis, Mannh.

subtilissima, Mannh. . pris à Vendenheim, dans les fagots, assez rare

Prognatha, Latr.

quadricornis, Kirby. . . sous les écorces de peupliers, assez rare.

MICROPEPLI.

Micropeplus, Latr.

porcatus, F. . . . . en été, en fauchant sur les prairies le long du Rhin, commun.
cælatus, Er. . . . . . . dans la forêt de Haguenau, en criblant (Mathieu), rare.

PSELAPHIDÆ.

Chennium, Latr.

bituberculatum, Latr. . dans les terrains calcaires, avec les fourmis, très-rare.

Tyrus, Aubé.

mucronatus, Panz. . . .	au Neuhof, le soir, dans les haies (Wencker), excessivement rare.

Pselaphus, Hbst.

Heisei, Hbst.	sous les mousses et dans les inondations, commun.
dresdensis, Hbst. . . .	idem, plus rare.

Tychus, Leach.

niger, Payk.	sous les détritus, commun.

Batrisus, Aubé.

venustus, Reichb. . . .	dans les souches de saules, au Neuhof (Capiomont), commun.
oculatus, Aubé.	dans les vieilles souches et avec les fourmis, très-rare.

Trichonyx, Chaud.

sulcicollis, Reichb. . .	au Neuhof, sous les vieilles écorces, très-rare.
Mærkelii, Aubé.	au pied des arbres aux bords du Rhin, derrière le péage du pont du Rhin, assez commun.

Bryaxis, Leach.

sanguinea, F.	sous les détritus, commun.
fossulata, Reichb. . . .	idem, idem.
xanthoptera, Reichb. .	idem, assez rare, plus répandu près de Colmar (Leprieur).
hæmoptera, Aubé . . .	idem, très-commun.
Lefebvrei, Aubé	idem, assez rare.
Schuppelii, Aubé. . . .	idem, idem.
hæmatica, Reichb. . . .	idem, très-commun.
Juncorum, Leach. . . .	idem, rare.
impressa, Panz.	idem, assez rare.
antennata, Aubé	à Haguenau et dans les Vosges, très-rare.

Bythinus, Leach.

puncticollis, Denny. . .	sous les feuilles dans les îles du Rhin, assez rare.
bulbifer, Reichb.	idem, commun.
Curtisii, Leach.	idem, idem.
securiger, Reichb. . . .	idem, idem.
Burellii, Denny.	idem, idem.
uncicornis, Aubé	sous les feuilles, en compagnie et au même endroit que le *Trichonyx Mærkelii* [1]).

Euplectus, Leach.

Erichsonii, Aubé. . . .	sous les feuilles aux bords du Rhin (Capiomont), très-rare.
signatus, Reichb. . . .	dans les souches de saules, idem.
sanguineus, Denny. . .	idem, commun.
Karstenii, Reichb. . . .	avec la fourmi fauve, très-commun.
nanus, Reichb.	sous les détritus et dans les bouses desséchées, commun.
ambiguus, Reichb. . .	idem, rare.
bicolor, Denny	dans les souches de saules, très-rare.

1) Cette espèce, dont on n'a longtemps connu qu'un seul individu dans les collections, je l'ai prise en grande quantité, ainsi que je viens de l'indiquer (Wencker).

Trimium, Aubé.

brevicorne, Reichb. . . à Vendenheim, sous les feuilles mortes, assez commun.
leiocephalum, Aubé . . idem, très-rare.

Claviger, Parr.

foveolatus, Müll. . . . . dans les Vosges avec la fourmi fauve, commun.
longicornis, Müll. . . . un seul individu a été pris par M. Lepricur, avec la fourmi jaune, dans le Pechthal.

SCYDMÆNIDÆ.

Scydmænus, Latr.

Godartii, Latr. . . . . . à Vendenheim et au Champ-du-Feu (Wencker), avec la fourmi fauve, commun.
scutellaris, Müll. . . . sous les feuilles, idem.
collaris, Müll. . . . . . idem, idem.
pusillus, Müll. . . . . . idem, idem.
exilis, Er. . . . . idem, rare.
angulatus, Müll. . . . . idem, commun.
elongatulus, Müll. . , . aux bords du Rhin, très-commun.
rubicundus, Schm. . . idem, sous les écorces, rare.
Sparshallii, Denny. . . idem, commun.
helvolus, Schm. . . . . dans les îles du Rhin, rare.
pumilio, Schm. . . . . idem, idem.
pubicollis, Müll. . . . . idem, assez rare.
denticornis, Müll. . . . sous les feuilles, dans les iles du Rhin, commun.
rutilipennis, Müll. . . . dans les fossés et les mares desséchées de la forêt de Vendenheim, assez commun.
hirticollis, Illig. . . . . sous les feuilles mortes, idem.
claviger, Müll. . . . . . à Vendenheim et à Colmar avec la fourmi fauve, très-rare.
Wetterhalii, Gyll. . . . sous les feuilles, commun.
Mærklinii, Mannh. . . . à Vendenheim, avec la fourmi fauve, idem.
nanus, Schm. . . . . . au Neuhof, très-rare.
Helwigii, Hbst. . . . . dans toute l'Alsace et les Vosges, commun.
rufus, Müll. . . . . . . dans les souches, très-rare.
tarsatus, Müll. . . . . . dans les bouses de vaches desséchées et le soir au vol, commun.

Eutheia, Steph.

scydmænoides, Stph. . à Vendenheim, avec la fourmi fauve, très-rare.

Cephennium, Müll.

thoracicum, Müll. . . . à Vendenheim, sous les feuilles mortes, commun.
minutissimum, Aubé. . idem, rare.

SILPHIDÆ.

SILPHÆ.

Necrophorus, F.

germanicus, L. . . . . sous les taupes et les crapauds morts, commun.
humator, F. . . . . . . idem, assez rare.

vespillo, L. . . . . sous les cadavres, très-commun.
vestigator, Heer. . . . . idem, assez rare.
v. interruptus, Brullé. idem, très-rare.
fossor, Er. . . . . idem, rare, plus commun dans les Vosges.
gallicus, Duval. . . . . idem, pris à Remiremont, par M. Puton, rare.
ruspator, Er. . . . . . . idem, rare, plus commun dans les Vosges.
sepultor, Charp. . . . . idem, idem.
mortuorum, F. . . . . idem, sur les souches des arbres et dans les champignons, presque toujours dans les forêts, très-commun.

Silpha, L.

littoralis, L. . . . . dans les cadavres de chevaux, etc. commun.
thoracica, L. . . . . dans les forêts, près des petits cadavres, idem.
rugosa, L. . . . . dans les cadavres, idem.
sinuata, F. . . . . idem, idem.
dispar, Hbst. . . . . . . sous les mousses, assez rare (ne paraît pas être carnivore.
opaca, L. . . . . idem, très-rare.
4-punctata, L. . . . . . sur les chênes, où il paraît se nourrir de chenilles.
carinata, Illig. . . . . . sur les cadavres, rare.
reticulata, F. . . . . . idem, très-commun.
nigrita, Creutz. . . . . idem, idem.
v. alpina, Germ. . . idem, dans les Vosges, idem.
tristis, Illig. . . . . . . idem, idem.
obscura, L. . . . . . . idem, partout.
lævigata, F. . . . . . . idem, idem.
atrata, L. . . . . idem, idem.

Necrophilus, Illig.

subterraneus, Dahl. . . dans le genre *Helix*, aux bords du Rhin et dans les Vosges, très-rare.

Leptinus, Müll.

testaceus, Müll. . . . . sous les feuilles mortes, aux environs de Bitche et de Saar-Union (Belvoye), très-rare.

Choleva, Latr.

angustatus, F. . . . . . aux bords du Rhin, sous les feuilles, assez rare.
intermedius, Kr. . . . . idem, très-rare.
cisteloides, Frœhl. . . . idem, idem.
agilis, Illig. . . . . . . idem, idem.

Catops, Murr.

fuscus, Panz. . . . . . aux bords du Rhin et dans les Vosges, sous les feuilles, commun.
picipes, F. . . . . idem, idem.
nigricans, Spence. . . . sous les feuilles et les cadavres, rare.
v. fuliginosus, Er. . . idem, assez rare.
coracinus, Keller. . . . à Haguenau et dans les Vosges, rare.
morio, F. . . . . sous les feuilles et les cadavres, assez commun.
nigrita, Er. . . . . . . idem, rare.
tristis, Panz. . . . . . . idem, peu rare.
Kirbyi, Spence. . . . . idem, commun.

quadraticollis, Aubé . . sous les feuilles et les cadavres, très-rare.
chrysomeloides, Panz. . idem, commun.
Watsonii, Spence. . . . idem, idem.
fumatus, Er.
agilis, Gyll.
alpinus, Gyll. . . . . . idem, idem.
fumatus, Spence . . . . idem, idem.
umbrinus, Er. . . . . . idem. rare.
velox, Spence. . . . . . idem, commun.
Wilkinii, Spence . . . . idem, idem.
prœcox, Er.
anisotomoides, Spence . près des fourmilières, rare.
sericeus, F. . . . . . . souvent dans les *Helix*, très-commun.

Colon, Hbst.

puncticollis, Kr. . . . . en fauchant au crépuscule dans les prairies, surtout près du monument Desaix et dans le voisinage du pont du petit Rhin, rare.
claviger, Hbst. . . . . . idem, pris à Remiremont par M. Puton, idem.
affinis, Sturm. . . . . . idem. idem.
angularis, Er. . . . . . idem, idem.
brunneus, Spence. . . . idem, commun.

Agyrtes, Frœhl.

bicolor, Cast. . . . . . . au premier soleil d'avril, volant vers quatre ou cinq heures du soir, sur les glacis de Strasbourg, très-commun.

Sphærites, Duft.

glabratus, F. . . . . . dans les champignons, très-rare.

ANISOTOMIDÆ.

Hydnobius, Schm.

punctatissimus, Steph. . en fauchant vers le crépuscule dans les prés et les clairières, rare.
punctatus, Sturm. . . . idem, idem.

Anisotoma, Illig.

cinnamomea, Panz. . . dans les truffes, aussi le soir en fauchant, très-rare.
oblonga, Er. . . . . . . en fauchant, vers le crépuscule, rare.
rugosa, Steph. . . . . . idem, très-rare.
Triepkii, Schm. . . . . idem, moins rare.
rotundata, Er. . . . . . idem, rare.
dubia, Panz. . . . . . . idem, commun.
ovalis, Schm. . . . . . idem, rare.
nigrita, Schm. . . . . . idem, très-rare.
rubiginosa, Schm. . . . idem, idem.
distinguenda, Fairm. . idem, rare.
calcarata, Er. . . . . . idem, commun.
badia, Steph. . . . . . idem, rare.
parvula, Sahlb. . . . . idem. très-rare.

Cyrtusa, Er.

subtestacea, Gyll. . . . en fauchant vers le crépuscule, commun.
minuta, Ahrens. . . . . idem, idem.

Colenis, Er.

dentipes, Gyll. . . . . . en fauchant vers le crépuscule, très-commun.

Agaricophagus, Schm.

cephalotes, Schm. . . . dans les matières en décompositon, rare.

Liodes, Latr.

humeralis, F. . . . . sous le bois décomposé, dans les vieilles souches et dans les champignons, commun.
axillaris, Gyll. . . . . . idem, dans les Vosges, idem.
glabra, Kug. . . . . . . idem, rare.
castanea, Hbst. . . . . idem, idem.
orbicularis, Hbst. . . . sous le bois pourri et dans les souches, idem.

Amphicyllis, Er.

globus, F. . . . . sous le bois pourri et dans les souches, commun.
v. staphylæus, Gyll. . . idem, idem.
globiformis, Sahlb.. . . idem, idem.

Agathidium, Illig.

nigripenne, Kug. . . . sous les feuilles mortes, commun.
atrum, Payk. . . . . . idem, idem.
seminulum, L. . . . . . idem, idem.
badium, Er. . . . . . . idem, assez rare.
lævigatum, Er. . . . . . idem, commun.
mandibulare, Sturm . . idem, dans les Vosges, assez rare.
rotundatum, Gyll. . . . commun partout.
nigrinum, Sturm. . . . dans les Vosges, sous les feuilles mortes (Puton).
marginatum, Sturm . . sous les feuilles mortes, partout.

CLAMBIDÆ.

Clambus, Fisch.

Armadillo, De Geer. . . sous les feuilles mortes, commun.
pubescens, Redt. . . . idem, idem.
minutus, Sturm. . . . . idem, moins commun.

Calyptomerus, Redt.

dubius, Marsh. . . . . dans les fagots, assez rare.

CORYLOPHIDÆ.

Sacium, Le Conte.

pusillum, Gyll. . . . . . à Haguenau, dans les fagots, rare.

Arthrolips, Woll.

obscurus, Sahlb. . . . . dans les fagots, commun.

Sericoderus, Steph.

lateralis, Gyll. . . . . . à Vendenheim, dans les fagots, assez rare.

Corylophus, Steph.

cassidioides, Marsh. . . en fauchant les légumineuses, commun.

Orthoperus, Steph.

brunnipes, Gyll. . . . . sous les détritus végétaux.
atomus, Gyll. . . . . . dans les caves humides, dans de vieux paniers ou des [fagots.

TRICHOPTERYDÆ.

Trichopteryx, Kirby.

atomaria, De Geer. . . sous les feuilles mortes, commun.
grandicollis, Mannh. . idem, plus rare.
fascicularis, Hbst. . . . idem, commun.
thoracica, Gillm. . . . . idem, rare.
brevipennis, Er. . . . dans les bouses de vaches desséchées, très-commun.
pumila, Er. . . . . à Vendenheim, avec la fourmi fauve, commun.
sericans, Heer. . . . . idem, idem.
Silbermannii, Wenck. . pris au vol, à Sainte-Marie-aux-Mines. (Voir à la fin du [volume).

Elachyx, Mathw.

abbreviatellus, Heer. . dans les bouses desséchées, très-rare.

Ptilium, Gyll.

minutissimum, Ljunh. . sous les détritus, commun.
canaliculatum, Er. . . . avec la fourmi fauve, idem.
inquilinum, Er. . . . . idem, idem.
cæsum, Er. . . . . . . idem, idem.
marginatum, Aubé. . . en tamisant aux bords du Rhin, rare.
augustatum, Er. . . . . sous les feuilles mortes, rare.
Kunzei, Heer. . . . . . idem, très-commun

Ptinella, Mathw.

testacea, Heer. . . . . . aux bords du Rhin, sous les écorces des arbres maladifs, très-commun.
aptera, Guér.. . . . . . idem, sous l'écorce des chênes, commun.

Pteryx, Mathw.

suturalis, Heer. . . . . dans les saules pourris, près du péage du pont du Rhin et au Neuhof (Wencker), à Vendenheim, quelquefois avec la fourmi fauve, commun.

Micrus, Mathw.

filicornis, Fairm. . . . pris un individu dans une bouse de vache desséchée près de Vendenheim (Wencker[1]).

[1]) Cet insecte n'est peut-être pas rare, mais son extrême petitesse le fait probablement confondre avec les *Trichopteryx*.

Ptenidium, Er.

pusillum, Gyll. . . . . . dans les fourmilières, à Vendenheim.
lævigatum, Er. . . . . . dans les Vosges, rare.
formicetorum, Kr. [1]. . . à Vendenheim, avec la fourmi fauve.
apicale, Er. . . . . . . dans les fourmilières et dans les bouses desséchées, commun.
Gressnerii, Er. . . . . . à Bitche et à Saar-Union, avec les fourmis, rare.

Nossidium, Er.

pilosellum, Marsh. . . . au Wacken, près de Strasbourg, sous les sapins de la promenade, dans les champignons, en août et en septembre, rare.

SCAPHIDIIDÆ.

Scaphidium, Oliv.

4-maculatum, Oliv. . . dans le bois décomposé et les bolets, assez répandu.

Scaphium, Kirby.

immaculatum, Oliv. . . dans le bois décomposé et les bolets, assez rare.

Scaphisoma, Leach.

agaricinum, L. . . . . . dans le bois décomposé et les bolets, très-commun.
Boleti, Panz. . . . . . . idem (Capiomont), très-rare.

HISTERIDÆ.

Hololepta, Payk.

plana, Fuesl. . . . . . . à Haguenau, sous l'écorce de peupliers abattus, excessivement rare.

Platysoma, Leach.

frontale, Payk. . . . . . sous les écorces, peu commun.
depressum, F. . . . . . idem, surtout dans les Vosges, commun.
v. deplanatum, Gyll. . idem, idem.
oblongum, F. . . . . . idem, moins commun.
angustatum, *Ent. Heftc.* sous l'écorce de chêne, rare.

Hister, L.

major, L. . . . . M. Vieillard en a pris un individu dans les environs de Colmar et M. Lepaige dans les Vosges.
inæqualis, Oliv. . . . . pris à Colmar et dans les Vosges, rare.
4-maculatus, L. . . . . dans les crottins et les bouses, commun.
v. gagates, Illig. . . . idem, rare.
14-striatus, Gyll. . . . . idem, dans les Vosges, rare.
unicolor, L. . . . . . . idem, assez rare.
cadaverinus, *Ent. Heftc.* dans les cadavres et les champignons, commun.

[1] J'ai toujours répandu cette espèce sous le nom de *P. apicale*, celle-ci est rare dans les fourmilières et plus commune sous les plantes en décomposition; le *P. formicetorum* est bien plus petit, plus convexe, moins large, à ponctuation presque effacée (Wencker).

terricola, Germ. . . . . dans les cadavres et les champignons (Vosges), très-
merdarius, *Ent. Hefte*.. dans les bouses, rare. [rare.
binotatus, Er. . . . . . dans les cadavres, très-rare.
fimetarius, Hbst. . . . . dans les crottins, les bouses, les charognes, rare.
sinuatus, F.
neglectus, Germ. . . . idem, idem.
ignobilis, Marsh. . . . . dans les cadavres, en juin et juillet, très-rare.
carbonarius, Illig. . . . dans toutes les immondices, commun.
ventralis, Marsh. . . . . idem, idem.
purpurascens, Hbst. . . dans les bouses, les fumiers etc., très-commun.
nigellatus, Germ. . . . idem, rare.
marginatus, Er. . . . . dans les champignons, très-rare.
stercorarius, *Ent. Hefte*. dans les excréments humains, les bouses etc., rare.
sinuatus, Illig. . . . . . dans les bouses et les fumiers, idem.
4-notatus, Scriba. . . . idem, assez rare.
funestus, Er. . . . . . . idem, dans les Vosges (Puton, Wencker), rare.
bissexstriatus, F. . . . . dans le fumier, idem.
bimaculatus, L. . . . . idem, très-rare.
12-striatus, Schr. . . . idem, assez commun.
corvinus, Germ. . . . . dans les champignons, rare.

Carcinops, de Marseul.

corpusculus, de Mars. . dans les matières animales, assez rare.
minimus, Aubé.
pumilio, Er. . . . . sous les écorces, idem.

Paromalus, Er.

complanatus, Illig. . . . sous l'écorce du chêne, rare.
parallelipipedus, Hbst. . idem, assez rare.
flavicornis, Hbst. . . . . idem, très-commun.

Hetærius, Er.

sesquicornis, Preyssl. . dans les nids de la fourmi fauve, généralement rare ; quelquefois en quantité à Vendenheim.

Dendrophilus, Leach.

punctatus, Hbst. . . . . à Vendenheim, avec la fourmi fauve, rare.
pygmæus, L. . . . . idem, très-commun.

Saprinus, Er.

detersus, Illig. . . . . . toujours sous les cadavres, très-rare.
nitidulus, Payk. . . . . dans les excréments et les bouses, commun.
speculifer, Latr. . . . . idem, idem.
æneus, F. . . . . idem, idem.
conjungens, Payk. . . . idem, rare.
4-striatus, *Ent. Hefte*. . dans les excréments, aux bords des rivières, assez
rugifrons, Payk. . . . . idem, assez commun. [rare.
rotundatus, Illig. . . . dans les excréments et aux plaies des arbres, souvent dans les maisons, commun.
specularis, de Mars. . . pris par M. Leprieur dans des débris aux inondations de la Fecht.

Myrmetes, de Mars.

picceus, Payk. . . . . à Vendenheim, avec la fourmi fauve (Wencker); dans le Haut-Rhin (Leprieur), rare.

Teretrius, Er.

picipes, F. . . . . sous les écorces, très-rare.

Plegaderus, Er.

saucius, Er. . . . . dans les vieux troncs de saules etc., rare.
vulneratus, Panz. . . . idem, idem.
cæsus, F. . . . . idem, idem.
dissectus, Er. . . . . . à Haguenau, sous l'écorce du hêtre, rare.
discisus, Er. . . . . sous les écorces, surtout en hiver, rare.

Onthophilus, Leach.

striatus, Steph. . . . . dans les crottins et les bouses, rare.

Bacanius, Le Conte.

rhombophorus, Aubé . en tamisant les matières décomposées, rare.

Abræus, Leach.

globulus, Creutz. . . . en tamisant les matières décomposées, assez rare.
globosus, *Ent. Hefte*. . avec les fourmis, idem.

Acritus, Le Conte.

nigricornis, *Ent. Hefte*. sous les bouses desséchées, assez commun.
minutus, F. . . . . . idem, idem.
atomarius, Aubé . . . . pris par M. Puton, sous des détritus, dans son jardin à Remiremont, rare.

PHALACRIDÆ.

Phalacrus, Payk.

corruscus, Payk. . . . . . en hiver, sous les écorces, très-commun.
substriatus, Gyll. . . . idem, rare.
Caricis, Sturm. . . . . . en fauchant, commun.

Olibrus, Er.

corticalis, Panz. . . . . sous l'écorce des platanes, très-commun.
æneus, Illig. . . . . . . idem, assez rare.
bicolor, F. . . . . idem, rare.
liquidus, Er. . . . . en fauchant, assez commun.
affinis, Sturm. . . . . . idem, commun.
Millefolii, Payk. . . . . idem, idem.
pygmæus, Sturm. . . . idem, idem.
geminus, Illig. . . . . . idem, idem.
piceus, Steph. . . . . idem, assez rare.
oblongus, Er. . . . . . sur les plantes des marécages, dans les îles du Rhin, rare.

NITIDULIDÆ.

BRACHYPTERI.

Cercus, Latr.

pedicularis, L. . . . . . . sur les fleurs, commun.
bipustulatus, Payk. . . idem, plus rare.
Sambuci, Er. . . . . sur le *Sambucus racemosa*, commun.
rhenanus, Bach.[1]) . . . idem, très-commun.
rufilabris, Latr. . . . . sur les fleurs, dans les Vosges, commun.

Brachypterus, Kug.

gravidus, Illig. . . . . . sur les fleurs, très-commun.
cinereus, Heer. . . . . idem, rare.
pubescens, Er. . . . . . sur les orties, commun.
Urticæ, F. . . . . idem, idem.
rubiginosus, Er. . . . . idem, pris un individu au bord du Rhin (Wencker).

CARPOPHILI.

Carpophilus, Leach.

hemipterus, L. . . . . . . chez les droguistes, dans les denrées coloniales, commun.
6-pustulatus, F. . . . . sous l'écorce des pins coupés, rare.

Epuræa, Er.

10-guttata, F. . . . . . près des plaies des chênes, rare.
æstiva, L. . . . . sur les fleurs et les plaies d'arbres, commun.
melina, Er. . . . . idem, idem.
deleta, Er. . . . . idem, rare.
immunda, Er. . . . . . sous les souches de pins fraîchement exploités.
variegata, Hbst. . . . . aux plaies des chênes, commun.
neglecta, Heer. . . . . idem, rare.
obsoleta, F. . . . . . . sur les fleurs et les plaies d'arbres, commun.
parvula, Sturm. . . . . idem, très-rare.
angustula, Gyll. . . . . idem, en Alsace et dans les Vosges, rare.
boreella, Zett. . . . . . à Remiremont, très-rare.
pygmæa, Gyll. . . . . . sur les fleurs et les plaies d'arbres, commun.
pusilla, Illig. . . . . . . idem, très-rare.
longula, Er. . . . . . . idem, idem.
florea, Er. . . . . idem, commun.
melanocephala, Marsh.. idem, en Alsace et dans les Vosges (Wencker, Puton), très-rare.
limbata, F. . . . . sur les fleurs et les plaies d'arbres, assez commun.

Nitidula, F.

bipustulata, L. . . . . . le soir en fauchant, par un temps très-lourd.
flexuosa, F. . . . . . . sur les fleurs et sur les cadavres, commun.
obscura, F. . . . . . . le soir en fauchant, par un temps très-lourd, idem.
4-pustulata, F. . . . . idem, idem.

[1] Cette espèce fort commune est très-répandue dans les collections sous le nom de *Brachypterus fuliginosus*. (Wencker.)

Soronia, Er.

punctatissima, Illig. . . sous les écorces, très-rare.
grisea, L. . . . . idem et sur les fleurs, souvent en nombre prodi-[gieux.

Amphotis, Er.

marginata, F. . . . . . dans les souches du petit bois près du canal de la Brusche, non loin de Lingolsheim, commun.

Omosita, Er.

depressa, L. . . . . . . sous les cadavres, près de Strasbourg, et à Colmar (Umhang), très-rare.
colon, L. . . . . sous les cadavres, commun.
discoidea, F. . . . . . . idem, idem.

Thalycra, Er.

fervida, Oliv. . . . . . à Vendenheim, le soir en fauchant sur les lisières [des forêts, rare.

Pria, Steph.

Dulcamaræ, Illig. . . . sur le *Solanum Dulcamara*, aux bords du Rhin, très-[commun.

Meligethes, Steph.

rufipes, L. . . . . dans les Vosges, sur les fleurs, très-commun.
lumbaris, Sturm. . . . idem, rare.
hebes, Heer. . . . . . . idem, idem.
hæmorrhoidalis, Fœrst. dans les Vosges, très-rare.
æneus, F. . . . . sur les crucifères, excessivement commun.
v. cœruleus, Marsh. . idem, idem.
gracilis, Brisout. . . . . dans les Vosges, sur les campanules, rare.
viridescens, F. . . . . . sur les fleurs, très-commun.
coracinus, Sturm. . . . idem, commun.
corvinus, Er. . . . . . . idem, assez rare.
subrugosus, Gyll. . . . à Vendenheim, idem, assez rare.
substrigosus, Er. . . . . idem, rare.
Symphyti, Heer. . . . . sur le *Symphytum officinale*, commun.
Kunzei, Er. . . . . idem, dans les Vosges, rare.
ochropus, Sturm. . . . sur les fleurs, assez rare.
difficilis, Sturm. . . . . idem, assez répandu.
brunnicornis, Sturm. . idem, dans les Vosges, rare.
morosus, Er. . . . . . . sur les fleurs, idem.
viduatus, Sturm. . . . . idem, idem.
pedicularius, Gyl. . . . idem, commun.
assimilis, Sturm. . . . . idem, dans les Vosges, idem.
serripes, Gyll. . . . . . idem, idem.
umbrosus, Sturm. . . . idem, à Strasbourg, très-rare.
maurus, Sturm. . . . . idem, très-commun.
tristis, Sturm. . . . . . sur l'*Echium vulgare*, rare.
brachialis, Er. . . . . . idem, à Vendenheim, rare.
nanus, Er. . . . . pris à Remiremont par M. Puton.
seniculus, Er. . . . . . sur l'*Echium vulgare*, à Sainte-Marie-aux-Mines, très-rare.

ovatus, Sturm. . . . . . . sur les campanules, rare.
flavipes, Sturm. . . . . sur les fleurs, dans les Vosges, commun.
picipes, Sturm. . . . . idem, rare.
lugubris, Sturm. . . . . sur les fleurs, en Alsace et dans les Vosges, rare.
gagatinus, Er. . . . . . idem, à Vendenheim, idem.
egenus, Er. . . . . . . pris à Wissembourg, rare.
palmatus, Er. . . . . . sur les composées et le *Teucrium*, rare.
erythropus, Gyll.. . . . sur les fleurs, à Vendenheim, commun.
exilis, Sturm. . . . . . idem, idem.
solidus, Ill. . . . . . . pris à Saint-Dié par M. Caulle, rare.

Pocadius, Er.

ferrugineus, F. . . . . dans les vesses de loup, commun.

CYCHRAMI.

Cychramus, Kugel.

4-punctatus, Hbst. . . . dans les vesses de loup et les champignons, commun.
luteus, F. . . . . sur l'aubépine et dans les champignons, idem.
v. fungicola, Heer. dans les champignons, idem.

Cyllodes, Er.

ater, Hbst. . . . . dans les champignons, rare.

Cybocephalus, Er.

politus, Gyll.. . . . . . en fauchant dans les marécages, près du Rhin, rare.
pulchellus, Er. . . . . . idem, idem.

IPIDES.

Cryptarcha, Schuck.

strigata, F.. . . . . . . près des plaies des arbres, surtout des chênes, assez [rare.
imperialis, F. . . . . . idem, moins rare.

Ips, F.

4-guttata, F. . . . . . . sous les écorces et sur les souches nouvellement coupées, quand la séve pousse, assez commun.
4-punctata, Hbst. . . . idem, idem.
4-pustulata, L. . . . . . idem, idem.
ferruginea, L. . . . . . idem, rare.

RHIZOPHAGI.

Rhizophagus, Hbst.

depressus, F. . . . . . sous les écorces, commun.
cribratus, Gyll. . . . . dans les vieilles souches de chênes, rare.
ferrugineus, Payk. . . . sous les écorces de sapins, commun.
perforatus, Er. . . . . . idem, assez rare.
parallelocollis, Gyll. . . idem, commun.
nitidulus, F. . . . . . . idem, idem.
dispar, Payk. . . . . . . idem, très-commun.
bipustulatus, F. . . . . idem, idem.

politus, Hellw. . . . . . sous les écorces de sapins, très-commun.
parvulus, Payk. . . . . sur les nouvelles souches de bouleaux; pris à Vendenheim, en assez grand nombre (Wencker).

PELTIDÆ.

Temnochila, Westw.

cœrulea, Oliv.. . . . . . pris à Haguenau, dans de vieilles souches (Billot).

Nemosoma, Latr.

elongatum, L. . . . . . sous les écorces du frêne, rare.

Trogosita, Oliv.

mauritanica, L. . . . . sous les écorces, souvent chez les boulangers, assez commun.

Peltis, Kugel.

ferruginea, L. . . . . . à Haguenau, sous les écorces, rare.
oblonga, L. . . . . . . idem, idem.

Thymalus, Duft.

limbatus, F. . . . . . . à Haguenau et dans les Vosges, sous l'écorce du [hêtre, rare.

COLYDIIDÆ.

Sarrotrium, Illig.

clavicorne, L. . . . . . à Haguenau, dans les sablonnières, rare.

Diodesma, Latr.

subterraneum, Er. . . . en tamisant au pied des hêtres et dans les mares desséchées, dans les petits bois, près de Lingols-[heim, rare.

Coxelus, Latr.

pictus, Sturm. . . . . . à Colmar et dans les Vosges, sur les souches de sapins et de hêtres et dans les fagots, rare.

Bitoma, Hbst.

crenata, F. . . . . sous les écorces, surtout du chêne, très-commun.

Colobicus, Latr.

emarginatus, Latr. . . . sous les écorces des vieux arbres de la promenade Lenôtre près de Strasbourg, rare.

Cicones, Curt.

pictus, Er. . . . . à Haguenau, sous les écorces, rare.

Aulonium, Er.

sulcatum, Oliv. . . . . sous l'écorce du frêne et sur les ormes, rare.

Colydium, F.

elongatum, F. . . . . . dans le bois de chêne et de sapin, mort ou vif, au Neuhof (Blind, Wencker), assez rare.
filiforme, F. . . . . . . idem, idem.

Teredus, Shuck.

nitidus, F. . . . . dans différentes essences de bois, surtout dans le hêtre, rare.

Oxylæmus, Er.

cæsus, Er. . . . . dans le chêne pourri, avec la fourmi noire, rare.
cylindricus, Panz. . . . pris par M. Goubert, à Haguenau, sous une planche de pin, très-rare.

Aglenus, Er.

brunneus, Gyll. . . . . dans les écuries abandonnées et dans les caves, assez commun.

Bothrideres, Sturm.

contractus, F. . . . . . généralement sous l'écorce des vieux saules, peu rare.

Pycnomerus, Er.

terebrans, F. . . . . . à Vendenheim et à Haguenau, dans les vieux troncs ou les souches de chênes, rare.

Apeistus, Motsch.

Rondani, Villa. . . . . M. Goubert a pris un seul individu sur une vieille branche de tilleul, à l'Orangerie de Strasbourg, très-rare.

CERYLONA.

Cerylon, Latr.

histeroides, F. . . . . . sous les écorces, commun.
angustatum, Er. . . . . sous les écorces et dans les fourmilières, idem.
impressum, Er. . . . . idem, idem.
deplanatum, Gyll. . . . idem, idem.

CUCUJIDÆ.

Brontes, F.

planatus, L. . . . . . . sous les écorces, très-commun.

Læmophlœus, Er.

monilis, F. . . . . sous l'écorce du peuplier (Silbermann), rare.
bimaculatus, Payk. . . idem, très-rare.
testaceus, F. . . . . . . sous l'écorce du pin et du sapin, commun.
duplicatus, Waltl. . . . idem, rare.
pusillus, Sch. . . . . . idem, idem.
ferrugineus, Steph. . . idem, idem.
Clematidis, Er. . . . . . sous l'écorce du *Clematis Vitalba*, très-rare.

Pediacus, Shuck.

depressus, Hbst. . . . . M. Bertout a pris un individu dans une vieille caisse en peuplier à la Fonderie de Strasbourg, très-rare.

CRYPTOPHAGIDÆ.

Silvanus, Latr.

frumentarius, F. . . . . dans les greniers à blé, commun.
bidentatus, F. . . . . . sous les écorces, très-commun.
unidentatus, F. . . . . idem, rare.
similis, Er. . . . . dans les fagots, très-commun.
advena, Waltl. . . . . . dans les Vosges (Puton), rare.

Æraphilus, Redt.

elongatus, Gyll. . . . . dans les Vosges, le soir en tamisant (Wencker), rare.

Cathartus, Reiche.

Cassiæ, Reiche. . . . . chez les droguistes, probablement avec des bois de teinture exotiques, rare.

Antherophagus, Latr.

nigricornis, F. . . . . . en fauchant sur les plantes aquatiqnes, près du Rhin, rare.
silaceus, Hbst. . . . . . idem, plus rare encore.
pallens, L. . . . . idem, rare.

Emphylus, Er.

glaber, Gyll. . . . . . . pris trois individus à Vendenheim, avec la fourmi fauve, très-rare.

Cryptophagus, Hbst.

Lycoperdi, Hbst. . . . . sur les bolets, assez commun.
Schmidtii, Sturm. . . . idem, assez rare.
setulosus, Sturm. . . . idem, plus rare.
pilosus, Gyll. . . . . . . idem, assez répandu.
saginatus, Sturm. . . . sur les bolets et les plantes en décomposition, très-commun.
scanicus, L. . . . . . . idem, idem.
badius, Sturm. . . . . . idem, assez rare.
affinis, Sturm. . . . . . idem, rare.
cellaris, Scop. . . . . . dans les caves, près des tonneaux, très-commun.
acutangulus, Gyll. . . . dans les matières décomposées, rare.
fumatus, Gyll. . . . . . sur les vieux chênes, idem.
dorsalis, Ch. Bris. . . . dans les Vosges, rare.
parallelus, Ch. Bris. . . en Alsace, idem.
denticulatus, Gyll. . . . aux environs de Strasbourg, en tamisant, idem.
dentatus, Hbst. . . . . dans les matières décomposées, commun.
distinguendus, Sturm. . idem, idem.
bicolor, Sturm. . . . . dans les caves, rare.
subdepressus, Gyll. . . aux environs de Strasbourg, en tamisant, idem.
vini, Panz. . . . . sur l'ajonc en fleurs, idem.
pubescens, Sturm. . . . aux bords du Rhin et dans les Vosges, dans les matières décomposées, assez rare.

Paramecosoma, Curt.

Abietis, Payk. . . . . . sur les sapins, assez commun.
pilosulum, Er. . . . . idem, très-rare.

melanocephalum, Hbst. sur les sapins, moins rare.
serratum, Gyll. . . . . idem, à Haguenau, très-rare.

Atomaria, Steph.

ferruginea, Sahlb. . . . en criblant dans les îles du Rhin (Lucas), assez rare.
pallida, Wollast.
fimetarii, Hbst. . . . . dans les bolets, très-rare.
fumata, Er. . . . . . . dans les fagots, commun.
nana, Er. . . . . idem, idem.
umbrina, Gyll. . . . . . idem, idem.
elongatula, Er. . . . . . sur les fleurs ou dans les fagots, commun.
linearis, Steph. . . . . . idem, idem.
mesomelas, Hbst. . . . idem, assez rare.
rhenana, Kr. . . . . . . idem, rare.
munda, Er. . . . . . . dans les caves, très-commun.
nigripennis, Payk. . . . idem, idem.
basalis, Er. . . . . . . sur les fleurs ou dans les fagots, assez rare.
cognata, Hbst. . . . . . idem, idem.
atra, Hbst. . . . . idem, rare.
fuscata, Sch. . . . . . . idem, commun.
apicalis, Er. . . . . . . idem, rare.
gravidula, Er. . . . . . à Vendenheim, dans les fagots, très-rare
atricapilla, Steph. . . . en fauchant, très-commun.
pusilla, Payk. . . . . . idem, idem.
turgida, Er. . . . . à Vendenheim, dans les fagots, commun.
analis, Er. . . . . en fauchant, rare.
ruficornis, Marsh. . . . idem, assez rare.
terminata, Comol.

Ephistemus, Westw.

globosus, Waltl. . . . . dans les Vosges, en tamisant, rare.
gyrinoides, Marsh. . . . idem, très-commun.
dimidiatus, Steph.
globulus, Payk. . . . . idem, assez rare.
exiguus, Er. . . . . . . idem, commun.

TELMATOPHILIDÆ.

Psammœchus, Boud.

bipunctatus, F. . . . . . aux bords des étangs, assez rare.

Telmatophilus, Heer.

Sparganii, Ahr. . . . . aux bords des étangs et des mares, assez commun.
Typhæ, Fall. . . . . . . idem, idem.
obscurus, F. . . . . . . idem, idem.
brevicollis, Aubé. . . . idem, assez rare.
Schœnherrii, Gyll. . . . idem, très-rare.

LATHRIDIIDÆ.

LATHRIDII.

Lathridius, Illig.

lardarius, De Geer. . . à Haguenau, en tamisant, très-rare.
angusticollis, Hum. . . idem, commun.
angulatus, Mannh. . . . idem, rare.
Pandellii, Bris. . . . . dans les Vosges (Puton), idem.
alternans, Mannh. . . . en tamisant, moins rare.
rugicollis, Oliv. . . . . idem. rare.
carinatus, Gyll. . . . . idem, moins rare.
constrictus, Gyll. . . . . idem, assez rare.
elongatus, Cast. . . . . à Vendenheim, avec la fourmi fauve, commun.
clathratus, Mannh. . . . idem, idem.
liliputanus, Villa. . . . sous l'écorce des platanes, idem.
exilis, Mannh. . . . . . avec la fourmi fauve, assez rare.
rugosus, Hbst. . . . . . en tamisant, rare.
transversus, Oliv. . . . idem, très-commun.
minutus, L. . . . . . . excessivement commun partout.
filiformis, Gyll. . . . . sous l'écorce des platanes de la route du Contades à Schiltigheim et dans les fourmilières, rare.
limbatus, Fœrst. . . . . à Vendenheim, avec la fourmi fauve, rare.

Corticaria, Marsh.

pubescens, Illig. . . . . sous les écorces, commun.
crenulata, Gyll. . . . . idem, ou en tamisant, idem.
denticulata, Gyll. . . . idem, idem.
servata, Payk. . . . . . idem, moins commun.
impressa, Oliv. . . . . . idem, idem.
formicetorum, Mannh. . à Vendenheim et dans les Vosges, avec la fourmi [fauve, rare.
cylindrica, Mannh. . . . en tamisant, idem.
linearis, Payk. . . . . . idem, très-répandu.
fulva, Comol. . . . . . idem, rare.
elongata, Hum. . . . . avec la fourmi noire, idem.
ferruginea, Marsh. . . en tamisant, plus rare encore.
gibbosa, Hbst. . . . . . idem, très-commun.
transversalis, Gyll. . . avec la fourmi fauve, rare.
trifoveolata, Redt. . . . en tamisant, assez rare.
fuscula, Hum. . . . . . idem, commun.
similata, Gyll. . . . . . idem, idem.
truncatella, Mannh. . . idem, idem.

Dasycerus, Brongn.

sulcatus, Brongn.. . . . en tamisant dans les bois des îles du Rhin, très-[commun.

MONOTOMÆ.

Monotoma, Hbst.

conicicollis, Guér. . . . à Vendenheim, avec la fourmi fauve, commun.
angusticollis, Gyll. . . . idem, idem.

picipes, Hbst. . . . . . à Vendenheim, avec la fourmi fauve, commun.
quadricollis, Aubé. . . idem, idem.
spinicollis, Aubé. . . . idem, idem.

MYRMECOXENI.

Myrmecoxenus, Chevr.

subterraneus, Chevr. . . avec la fourmi fauve, très-commun.

MYCETÆÆ.

Mycetæa, Steph.

hirta, Marsh. . . . . . . dans les caves, sur les tonneaux, quelquefois dans les fagots, très-commun.

Symbiotes, Redt.

latus, Redt. . . . . . . dans les fagots et les caves (Lucas), assez commun.
pygmæus, Hampe. . . . idem, moins commun.

MYCETOPHAGI.

Mycetophagus, Hellw.

4-pustulatus, L. . . . . dans les champignons et les matières végétales en décomposition, rare.
piceus, F. . . . . idem, commun.
Salicis, H. Brisout. . . idem, idem.
atomarius, F. . . . . . idem, moins commun.
10-punctatus, F. . . . . idem, rare.
multipunctatus, Hellw. idem, très-rare.
fulvicollis, F. . . . . . . idem, idem.
Populi, F. . . . . idem, rare.
4-guttatus, Müll. . . . . idem, idem.

Triphyllus, Latr.

punctatus, F. . . . . . dans les fagots, assez commun.

Litargus, Er.

bifasciatus, F. . . . . . dans les fagots, très-commun.

Diplocœlus, Guér.

Fagi, Guér. . . . . . . dans les fagots, assez rare.

Biphyllus, Shuck.

lunatus, F. . . . . dans les fagots, très-rare.

Typhæa, Curt.

fumata, L. . . . . dans les fagots, très-commun.

DERMESTIDÆ.

Byturus, Latr.

æstivus, L. . . . . sur le *Taraxacum dens leonis*, très-commun.
fumatus, Redt.
tomentosus, F. . . . . . sur les différents *Rubus*, idem.

Dermestes, L.

vulpinus, F. . . . . dans les peaux, assez répandu.
Frischii, Kug. . . . . . dans les matières animales, commun
murinus, L. . . . . . . idem, idem.
cadaverinus, F. . . . . idem, idem.
undulatus, Brahm. . . . idem, assez rare.
tessellatus, F. . . . . . idem, très-rare.
mustellinus, Er. . . . . idem, idem.
laniarius, Illig. . . . . . idem, commun.
ater, Oliv. . . . . idem, très-rare.
lardarius, L. . . . . . . idem. très-commun.
bicolor, F. . . . . idem, dans les Vosges, très-rare

Attagenus, Latr.

pellio, L. . . . . dans les maisons et sur les fleurs, très-commun.
Schæfferi, Hbst. . . . . en fauchant, assez commun.
megatoma, F. . . . . . idem, idem.
20-guttatus, F. . . . . . sur les fleurs, rare.
Verbasci, L. . . . . . . idem, dans les Vosges, idem.
trifasciatus, F.

Megatoma, Hbst.

undata, L. . . . . dans les vieux fagots, assez rare.

Hadrotoma, Er.

marginata, Payk. . . . sur les fleurs de l'aubépine, rare.
nigripes, F. . . . . . . idem (Blind), commun.

Trogoderma, Latr.

versicolor, Creutz. . . . pris un individu au Rhin, dans une toile d'araignée (Wencker), très-rare.
elongatula, F. . . . . . dans les maisons, idem.
villosula, Duft. . . . . . sur les fleurs, idem.

Tiresias, Steph.

serra, F. . . . . dans la forêt du Neuhof, sur l'aubépine en fleurs, [rare.

Anthrenus, Geoffr.

Scrophulariæ, L. . . . . sur le cerfeuil, commun.
Pimpinellæ, F. . . . . . idem, idem.
varius, F. . . . . sur les fleurs et dans les collections, idem.
museorum, L. . . . . . idem, idem.
festivus, Er. . . . . . . idem, idem.
museorum, Oliv.
molitor, Aubé. . . . . . idem, idem.
claviger, Er. . . . . . . idem, très-commun.

Trinodes, Latr.

hirtus, F. . . . . sur les vieux troncs d'arbres de la promenade Le-nôtre, près de Strasbourg, peu rare.

BYRRHIDÆ.

BYRRHI.

Nosodendron, Latr.

fasciculare, Oliv. . . . . dans les plaies d'arbres au Contades, près de Strasbourg, commun; pris à Colmar par M. Leprieur.

Syncalypta, Dillw.,

setigera, Illig. . . . . . pris à Strasbourg, rare.
paleata, Er. . . . . . . dans les sablonnières, très-commun.
spinosa, Rossi. . . . . . idem, idem.

Curimus, Er.

erinaceus, Duft. . . . . dans les sablonnières (Wencker), rare

Byrrhus, L.

ornatus, Panz. . . . . . . dans les Vosges, à terre, commun.
signatus, Panz. . . . . . pris à Bitche, rare.
luniger, Germ. . . . . . dans les Vosges, sous les pierres, commun.
Dennyi, Curt. . . . . . assez rare dans toute l'Alsace.
pilula, L. . . . . partout très-commun.
fasciatus, F. . . . . . . idem, moins commun.
dorsalis, F. . . . . dans les Vosges, assez rare.
murinus, F. . . . . . . idem, rare.

Cytillus, Er.

varius, F. . . . . sous les pierres, très-commun.

Morychus, Er.

æneus, F. . . . . dans les Vosges, sous les pierres, très-rare.
nitens, Panz. . . . . . . idem, très-commun.
auratus, Duft. . . . . . idem, rare.

Simplocaria, Marsh.

semistriata, F. . . . . . sous les pierres, très-commun.

LIMNICHI.

Limnichus, Latr.

versicolor, Waltl. . . . aux bords de l'eau, rare.
pygmæus, Sturm. . . . dans les sablonnières et aux inondations, commun.
sericeus, Duft. . . . . . idem, rare.

Aspidiphorus, Latr.

orbiculatus, Gyll. . . . dans le chêne carié et dans les fagots, assez rare.

GEORYSSIDÆ.

Georyssus, Latr.

substriatus, Heer. . . . pris à Strasbourg, par MM. Ott et Moye, rare.
pygmæus, F. . . . . . . dans les mares desséchées du Rhin, très-commun.
læsicollis, Germ. . . . . aux inondations de l'Ill (Leprieur), rare.

PARNIDÆ.

Parnus, F.

proliferícornis, F. . . . blotti sous les pierres aux bords de l'eau, commun.
griseus, Er. . . . . . . idem, idem.
luridus, Er. . . . . . . aux bords de l'eau, rare.
viennensis, Heer. . . . au Rhin, blotti sous les pierres, commun.
auriculatus, Illig. . . . idem, idem.
nitidulus, Heer. . . . . idem, moins commun.
lutulentus, Er. . . . . . idem, très-rare.

Elmis, Latr.

Maugetii, Latr. . . . . . blotti sous les pierres dans les ruisseaux, surtout dans les Hautes-Vosges, commun.
æneus, Müll. . . . . . . idem, idem.
idem, à Bitche, assez rare.
subviolaceus, Müll. . . idem, dans les Vosges, très-commun.
cupreus, Müll. . . . . . idem, assez rare.
nitens, Müll. . . . . . . idem, idem.
Germarii, Er. . . . . . idem, idem.
Volkmarii, Müll. . . . . pris à Türckheim par M. Martin, rare.
opacus, Müll. . . . . . . blotti sous les pierres dans les ruisseaux, surtout dans les Vosges, assez rare.
angustatus, Müll. . . . idem, idem.
parallelipipedus, Müll. . idem, idem.
pygmæus, Müll. . . . . idem, idem.
tuberculatus, Müll. . . idem, idem.
Dargelasii, Latr.

Stenelmis, Dufour.

canaliculatus, Gyll. . . comme les *Elmis*, rare.

HETEROCERIDÆ.

Heterocerus, F.

fossor, Kiesw. . . . . . dans les marécages, par les grandes chaleurs, rare.
marginatus, F. . . . . . idem, commun.
hispidulus, Kiesw. . . . idem, idem.
lævigatus, Panz. . . . . idem, idem.
fusculus, Kiesw. . . . . idem, idem.
sericans, Kiesw. . . . . idem, idem.

LUCANIDÆ.

Lucanus, L.

cervus, L. . . . . le soir, dans les forêts de chênes, commun.
v. capra, Oliv. . . . . idem, idem.

Dorcus, Mac-Leay.

parallelipipedus, L. . . dans les vieux troncs, très-commun.

Platycerus, Geoffr.

caraboides, L. . . . . . dans les forêts de chênes, commun.

Æsalus, F.

scarabæoides, L. . . . . dans les vieux chênes cariés, dans la forêt du Neuhof, et quelquefois en quantité (Linder, Bertout et Lucas), du reste rare.

Sinodendron, Hellw.

cylindricum, L. . . . . dans les vieux troncs, assez rare.

SCARABÆIDÆ.

ONTHOPHAGI.

Gymnopleurus, Illig.

Mopsus, Pall. . . . . . dans les bouses, sur les collines calcaires, commun.

Sisyphus, Latr..

Schæfferi, L. . . . . . . dans les bouses, sur les collines calcaires, commun.

Copris, Geoffr.

lunaris, L. . . . . dans les terrains sablonneux sous les excréments humains, dans des trous de vingt à vingt-cinq centimètres de profondeur, peu rare.

Onthophagus, Latr.

taurus, L. . . . . dans les bouses, dans les forêts, commun.
nutans, F. . . . . idem, dans les terrains jurassiques, assez rare.
vacca, L. . . . . idem, dans les régions calcaires, commun.
v. medius, Panz. . . idem, idem.
cœnobita, Hbst. . . . . dans les bouses, dans les forêts, assez rare.
fracticornis, F. . . . . . dans les bouses, très-commun.
nuchicornis, L. . . . . . idem, idem.
lemur, F. . . . . aime les bouses dans les lieux secs, rare.
ovatus, L. . . . . dans les bouses, très-répandu.
Schreberi, L. . . . . . idem, idem.

Oniticellus, Serv.

flavipes, F. . . . . dans les bouses, rare.

APHODII.

Aphodius, Illig.

erraticus, L. . . . . . . dans les crottins et les bouses, rare.
scrutator, Hbst. . . . . idem, surtout dans les montagnes, rare.
subterraneus, L. . . . . dans les crottins, commun.
fossor, L. . . . . idem, idem.
hæmorrhoidalis, L. . . idem, rare.
scybalarius, F. . . . . . idem, assez rare.
fœtens, F. . . . . idem, commun.
fimetarius, L. . . . . . idem, idem.

ater, De Geer. . . . . . dans les crottins, assez rare.
terrestris, F.
convexus, Er. . . . . . dans les Hautes-Vosges, rare.
constans, Duft. . . . . . idem, idem.
granarius, L. . . . . . . dans les crottins, très-répandu.
fœtidus, F. . . . . idem, rare.
putridus, Sturm. . . . . dans les excréments de chevreuls. pris à Haguenau par
hydrochæris, F. . . . . dans les crottins, commun. [M. Goubert, rare.
sordidus, F. . . . . . . idem, idem.
rufescens, F. . . . . . . idem, idem.
nitidulus, F. . . . . . . idem, idem.
immundus, Creutz. . . idem, pris à Epinal et à Darney, rare.
alpinus, Scop. . . . . . idem, probablement près des lacs blanc et noir (Robin, juin 1825).
bimaculatus, F. . . . . dans les crottins, rare.
plagiatus, L. . . . . . . aux bords du Rhin, idem.
inquinatus, F. . . . . . dans les crottins, très-commun.
niger, Illig. . . . . . . idem, très-rare.
melanostictus, Schm. . . idem, à Haguenau, assez rare.
sticticus, Panz. . . . . . idem, dans les Vosges, rare.
conspurcatus, L. . . . . idem, assez rare.
pictus, Sturm. . . . . . idem, idem.
tessulatus, Payk. . . . en automne, dans les forêts, commun.
porcus, F. . . . . dans les crottins, très-rare.
scrofa, F. . . . . idem de mouton, très-commun.
tristis, Panz. . . . . . . idem, assez rare
pusillus, Hbst. . . . . . idem et le soir au vol, idem.
4-guttatus, Hbst. . . . idem, idem.
4-maculatus, L. . . . . idem, idem.
sanguinolentus, Panz. . idem, à Haguenau, idem.
merdarius, F. . . . . . idem, idem.
prodromus, Brahm. . . idem, commun.
punctato-sulcatus, Sturm. idem, idem.
consputus, Creutz. . . . idem, rare.
contaminatus, Hbst. . . idem, commun.
obliteratus, Panz. . . . idem, très-rare.
rufipes, L. . . . . idem, dans les forêts, très-commun.
luridus, Payk. . . . . . idem, idem.
v. nigripes, F. . . . . idem, idem.
depressus, Kug. . . . . idem, dans les forêts des terrains granitiques, très-
v. atramentarius, Er. au Hoheneck (Puton), commun. [rare.
pecari, F. . . . . dans les Hautes-Vosges (Kampmann, Schmidt), assez
arenarius, Oliv. . . . . dans les crottins, idem. [commun.
sus, Hbst. . . . . idem, idem.
testudinarius, E. . . . . idem, idem.
porcatus, F. . . . . . . idem, très-commun.

Ammœcius, Muls.

brevis, Er. . . . . pris à Remiremont par M. Puton, rare.

Rhyssemus, Muls.

germanus, L. . . . . . dans les endroits sablonneux et les matières en décomposition, commun.
asper, F.

Psammodius, Latr.

cæsus, Panz. . . . . . . dans les endroits sablonneux, assez commun.
sabulosus, Muls. . . . . idem, rare.
sulcicollis, Illig. . . . . idem, idem.
plicicollis, Er. . . . . . idem, dans les inondations de l'Ill, à Colmar (Leprieur), idem.

Ægialia, Latr.

sabuleti, Payk. . . . . . M. Puton en a pris un seul individu à Remiremont.

SCARABÆI.

Odontæus, Klug.

mobilicornis, F. . . . . le soir en fauchant, par un temps très-lourd, aux environs des trèflières, assez rare.

Geotrupes, Latr.

Minotaurus, Muls.

Typhœus, L. . . . . . . sous les excréments humains, dans des trous de vingt à vingt-cinq centimètres, dans les terrains sablonneux, commun.

Geotrupes, Muls.

stercorarius, L. . . . . dans les crottins, très-commun.
putridarius, Er. . . . . idem, idem.
mutator, Marsh. . . . . idem, idem.
sylvaticus, Panz. . . . . idem, dans les forêts, idem.
? pilularius, L. . . . . . idem, dans les Vosges et près de Bitche (Gaubil), rare.
vernalis, L. . . . . . . dans les crottins, dans les forêts, commun.
v. autumnalis, God. . idem, dans les Vosges, idem.

Trox, F.

perlatus, Scriba. . . . . sous les cadavres desséchés, commun.
hispidus, Laich. . . . . idem, rare.
sabulosus, L. . . . . . idem, assez commun.
cadaverinus, Illig. . . . idem, idem.
scaber, L. . . . . idem, idem.
arenarius, F.

MELOLONTHÆ.

Hoplia, Illig.

philanthus, Sultz. . . . en fauchant sur les prairies, rare.
praticola, Duft.. . . . . sur l'aubépine, commun.
farinosa, L. . . . . . . dans les Vosges, rare.
squamosa, F.
cœrulea, Drur. . . . . sur les terrains jurassiques et dans les Vosges, rare.
farinosa, F.

Homaloplia, Steph.

ruricola, F. . . . . . . en fauchant le soir, commun.

Serica, Mac-Leay.

holosericea, Scop. . . . sous les pierres dans les sables, très-commun.
brunnea, L. . . . . . . idem, rare.

Rhizotrogus, Latr.

æstivus, Oliv. . . . . . le soir au vol, très-commun.
marginipes, Muls. . . . pris à Haguenau et à Colmar, rare.
maculicollis, Villa. . . . dans les terrains calcaires des environs de Colmar;
thoracicus, Muls. M. Kampmann en a pris deux individus.

Amphimallus, Latr.

fuscus, Scop. . . . . . commun dans la journée (Vosges).
ater, F.
solstitialis, L. . . . . . commun vers le soir.
ochraceus, Knoch. . . . rare, idem.
ruficornis, F. . . . . . commun vers midi au Neuhof.
paganus, Oliv.
rufescens, F. . . . . . idem, le soir.

Anoxia, Cast.

villosa, F. . . . . en juin et juillet, le soir sur les peupliers, commun.
pilosa, Muls.

Polyphylla, Harris.

fullo, L. . . . . dans les forêts de pins, à la lisière, peu rare.

Melolontha, F.

vulgaris, F. . . . . . . très-commun partout.
pectoralis, Germ. [1]) . . le type n'a pas été pris en Alsace.
v. rhenana, Bach. . . sur différents arbres dans les Vosges (Leprieur et Javet), rare.
Hippocastani, F. . . . . moins commun que le *M. vulgaris*, mais partout aussi.
v. nigripes, Com. . . aussi sur les arbres, mais assez rare.

ANOMALÆ.

Anisoplia, Cast.

agricola, F. . . . . . . sur les plantes et les haies, commun.
arvicola, Oliv. . . . . . sur les graminées à Haguenau, idem.

Anomala, Burm.

Frischii, F. . . . . . . sur les saules, les peupliers etc., commun.
v. Frischii, Hbst. . . idem, moins commun.
v. cyanicollis, Villa. . idem, assez rare.
v. ænea, De Geer. . . idem, idem.

1) D'après M. Kraatz (*Journal de Berlin*) la synonymie du *M. pectoralis* doit être ainsi établie: *pectoralis*, Germ.; *aceris*, Erichs.; v. *rhenana*, Bach.; *albida*, Erichs., non Redt., Muls., Casteln.

Phyllopertha, Steph.

horticola, L. . . . . excessivement commun.
v. ustulatipennis, Muls. moins commun.

Oryctes, Illig.

nasicornis, L. . . . . . dans les couches, les terrains gras et les tanneries, [rare.

CETONIÆ.

Oxythyrea, Muls.

hirtella, L. . . . . sur les fleurs, très-commun.
hirta, F.

Leucoscelis, Burm.

stictica, L. . . . . sur les fleurs, très-commun.

Cetonia, F.

morio, F. . . . . dans les vieux troncs de saules près de Schlestadt (Demange), assez rare.
aurata, L. . . . . sur les fleurs, très-commun.
floricola, Herbst. . . . près des plaies d'arbres, idem.
v. obscura, And. . . idem, idem.
v. metallica, F. . . . idem, idem.
marmorata, F. . . . . dans les vieux saules, commun.
affinis, And. . . . . . . pris à Colmar et à Darney, rare.
speciosissima, Scop. . . à Haguenau aux plaies du chêne, très-rare.

Osmoderma, Lepell.

eremita, L. . . . . dans les vieux troncs de saules, peu rare.

Gnorimus, Lepell.

variabilis, L. . . . . . . dans les vieux troncs de chênes (Vosges), rare.
nobilis, L. . . . . sur les fleurs en ombelles, et sur le sureau, commun.

Trichius, F.

fasciatus, L. . . . . . . dans les fleurs, assez rare.
abdominalis, Sch. . . . idem, affectionne les roses, commun.
gallicus, Heer.

Valgus, Scriba.

hemipterus, L. . . . . dans les fleurs, très-commun.

BUPRESTIDÆ.

Ptosima, Sol.

flavo-guttata, Illig. . . . sur les fleurs, près de Barr (Blind), assez commun.

Buprestis, L. (*Dicerca*, Esch.)

berolinensis, F. . . . . dans les vieux troncs d'arbres (Linder), rare.
Alni, Fisch. . . . . . . près de Türckheim (Martin), rare.

Pœcilonota, Esch.

conspersa, Gyll. . . . . dans les vieux troncs d'arbres ou sur les fleurs, très-rare.

Lampra, Spin.

rutilans, F. . . . . dans les vieux tilleuls de l'Orangerie de Strasbourg,
decipiens, Mén. . . . . idem, idem. [en mai, assez commun.
festiva, L. . . . . à Haguenau et dans les Vosges, dans les vieux hêtres, [rare.

Ancylocheira, Esch.

rustica, L. . . . . à Haguenau, dans les vieux troncs, rare.
flavo-maculata, F. . . . a été pris à Barr (Blind) et à Wissembourg (Wencker), sur l'aubépine, à la fin de mai, rare.
8-guttata, L. . . . . sur les pins près de Colmar et dans les Vosges (Leprieur), [assez commun.

Eurythyrea, Sol.

austriaca, L. . . . . a été pris à Strasbourg, à Haguenau et à Darney, sur les chênes, très-rare.

Chrysobotrys, Sch.

affinis, F. . . . . dans la forêt de Haguenau et à Darney, rare.

Phænops, Lacd.

cyanea, F. . . . . dans les Vosges et à Haguenau, dans les fagots, rare.

Anthaxia, Esch.

Cichorii, Oliv. . . . . . sur les corymbifères et notamment l'*Achillea millefolia*, commun.
manca, F. . . . . idem (Barr, Colmar, Vosges), assez rare.
candens, Panz. . . . . . sur les fleurs des *Rubus* (Strasbourg, Vosges), très-rare.
Salicis, F. . . . . sur les saules (Vendenheim, Vosges), commun.
nitidula, L. . . . . . . dans les Vosges, sur les fleurs en ombelles, idem.
♀ læta, F. . . . . . . idem, moins commun.
v. cyanipennis, Gory. à Colmar (Umhang), très-rare.
sepulchralis, F. . . . . sur les fleurs en ombelles, assez commun.
morio, F.. . . . . idem, moins commun.
4-punctata, L. . . . . . sur les fleurs et dans les fagots, assez commun.
praticola, Laferté. . . . idem, à Haguenau, rare.
umbellatarum, Cast.

Coræbus, Cast.

bifasciatus, Oliv. . . . . sur les fleurs, très-rare.
undatus, F. . . . . . . idem, moins rare.
Rubi, L. . . . . idem, idem.
elatus, F. . . . . idem, généralement rare, mais M. Martin l'a pris une fois, en 1861, en abondance sur le Florimont.

Agrilus, Sol.

biguttatus, F. . . . . . sur les saules, assez commun.
Guerinii, Lacd. . . . . sur le *Salix capræa*, très-rare.
sinuatus, Oliv. . . . . . sur l'épine blanche, idem.
mendax, Mannh. . . . . pris près de Türckheim, par M. Martin, idem.
subauratus, Gebl. . . . sur les saules et les noisetiers, assez commun.
tenuis, Ratz. . . . . . . idem, assez rare.
angustulus, Illig. . . . idem, commun.

olivicolor, Kiesw. . . . sur les saules et dans les fagots, plus rare.
olivaceus, Ratz.
deraso-fasciatus, Ratz. . sur les échalas, commun.
cœruleus, Rossi. . . . . sur l'aubépine, idem.
laticornis, Illig. . . . . dans les fagots, rare.
scaberrimus, Ratz. . . . idem, idem.
obscuricollis, Kiesw. . . idem, idem.
pratensis, Ratz. . . . . idem, idem.
viridis, L. . . . . sur les saules et les chênes, très-commun.
v. nocivus, Redt. . . idem, assez répandu.
v. Fagi, Ratz. . . . . sur les haies, idem.
Hyperici, Creutz. . . . . dans les Vosges (Martin), peu rare.
cinctus, Oliv. . . . . . . dans les fagots, très-rare.
integerrimus, Ratz. . . idem, idem.
cupreus, Redt.

Aphanisticus, Latr.

emarginatus, F. . . . . en fauchant sur les joncs, commun.
pusillus, Oliv. . . . . . idem, rare.

Trachys, F.

troglodytes, Sch. . . . . dans les inondations de la Fecht et de l'Ill (Leprieur), rare.
minuta, L. . . . . sur les haies, très-commun.
pygmæa, F. . . . . . . idem, assez rare.
nana, Hbst. . . . . . . idem, au sommet du Florimont (Leprieur), très-rare.

THROSCI.

Throscus, Latr.

dermestoides, L. . . . . sur les arbustes, très-commun.
obtusus, Curt. . . . . . idem, rare.
pusillus, Heer.

Drapetes, Latr.

equestris, F. . . . . . . à Haguenau, dans les vieux troncs, très-rare.

EUCNEMIDÆ.

Cerophytum, Latr.

elateroides, L. . . . . . dans les vieux troncs de peupliers (Capiomont, Bertout), assez commun.

Melasis, Oliv.

buprestoides, L. . . . . dans les vieux troncs de peupliers (Vosges), rare.

Tharops, Cast.

melasoides, Cast. . . . dans les Vosges, dans les vieux troncs de hêtres (Le Paige), rare.
Le Paigei, Lacd.

Eucnemis, Ahr.

capucina, Ahr. . . . . dans les vieux troncs de peupliers (Vosges), rare.

ELATERIDÆ.

Adelocera, Latr.

varia, F. . . . . dans la forêt de Haguenau (Billot), rare.

Lacon, Cast.

murinus, L. . . . . très-commun sur les fleurs.

Elater, L.

sanguineus, L. . . . . . . dans les vieilles souches, commun.
lythropterus, Germ. . . idem, très-rare.
sanguinolentus, Schrk.. sous l'écorce des vieux saules, commun.
ephippium, F.
pomonæ, Steph. . . . . sur les saules dans les Vosges, rare.
præustus, F. . . . . . . dans les vieux saules, commun.
pomorum, Geoffr. . . . dans les vieux arbres fruitiers, idem.
crocatus, Geoffr. . . . . rare partout.
elongatulus, Oliv. . . . sur les vieux saules, rare.
balteatus, L. . . . . . . idem, commun.
elegantulus, Sch. . . . extrait dix individus des vieux saules, le long du canal de la Brusche (Wencker), rare.
austriacus, Cast.
4-signatus, Gyll. . . . . ce rarissime insecte a été extrait d'un vieux tronc de chêne par le capitaine d'Aumont aux environs de Colmar, il en a pris quatre individus.
æthiops, Lacd. . . . . . dans les vieux chênes, rare.
brunnicornis, Germ.
nigerrimus, Lacd. . . . idem, très-rare.
nigrinus, Hbst. . . . . idem, idem.

Megapenthes, Kiesw.

sanguinicollis, Panz.. . dans les mousses (Haguenau, forêt de Weitbruch, Vosges), très-rare.
tibialis, Lacd. . . . . . assez commun.

Betarmon, Kiesw.

bisbimaculatus, Sch.. . sur les saules dans les îles du Rhin, assez commun.
picipennis, Bach. . . . idem dans les Vosges, rare.
styriacus, Redt.

Cryptohypnus, Esch.

riparius, F. . . . . . . dans les terrains sablonneux au bord de l'eau, sur le gravier, rare.
rivularius, Gyll. . . . . idem, très-répandu.
4-pustulatus, F. . . . . idem, idem.
pulchellus, L. . . . . . idem, aux bords de la Brusche, assez rare.
tetragraphus, Germ.. . idem, commun.
4-guttatus, Candez.
dermestoides, Hbst. . . idem, rare.
minutissimus, Germ. . idem, dans les Vosges, idem.

Cardiophorus, Esch.

thoracicus, L. . . . . . sur les fleurs, commun.
ruficollis, L. . . . . . . idem, idem.
rufipes, Fourcr. . . . . idem, idem.
nigerrimus, Er. . . . . dans les haies où il a été pris assez communément à Colmar par M. Leprieur.
asellus, Er. . . . . . . dans les haies, assez commun.
cinereus, Hbst. . . . . en fauchant à Haguenau, rare.
Equiseti, Hbst.. . . . . sur les plantes marécageuses, rare.

Melanotus, Esch.

niger, F. . . . . sur les haies et sur les fleurs, commun.
castaneipes, Payk. . . . dans les vieux troncs de saules, idem.
rufipes, Hbst. . . . . . idem, assez rare.
brunnipes, Germ. . . . dans les Vosges, rare.

Limonius, Esch.

nigripes, Gyll. . . . . . sur les fleurs en ombelles, très-commun.
cylindricus, Payk. . . . idem, idem.
minutus, L. . . . . . . idem, rare.
parvulus, Cand. . . . . idem, très-rare.
mus, Illig.
lythrodes, Germ. . . . sur l'aubépine, très-commun.
Bructerii, F.. . . . . . idem, dans les Vosges, idem.

Athous, Esch.

rhombeus, Oliv. . . . . dans les hêtres pourris (plaine et montagne), très-rare.
niger, L. . . . . commun sur les arbustes.
hirtus, Hbst.
mutilatus, Rosenh. . . pris près de Strasbourg dans un vieux frêne, par [M. Meyer.
hæmorrhoidalis, F. . . sur les arbustes, très-commun.
vittatus, F. . . . . sur les fleurs, idem.
longicollis, F. . . . . . sur les arbustes, très-commun.
♀ crassicollis, Lacd. . idem, très-rare.
undulatus, De Geer. . . dans les vieux troncs d'arbres à l'Orangerie de Strasbourg (Ott), idem.
trifasciatus, Hbst.
subfuscus, Muls. . . . sur les fleurs, commun.
analis, F.
?Dejeanii, Muls. . . . . dans les Vosges (Le Paige), excessivement rare.

Ludius, Latr.

ferrugineus, L. . . . . . dans le terreau des vieux troncs d'arbres, rare.

Corymbites, Latr.

hæmatodes, F. . . . . . sur les fleurs, dans les Vosges, commun.
castaneus, L. . . . . . idem, assez rare.
sulphuripennis, Germ.. idem, pris par M. Blind près de Barr, très-rare.
pectinicornis, L. . . . . idem, à Haguenau et dans les Vosges, commun.
cupreus, F. . . . . . . idem, dans les Vosges, idem.
v. æruginosus, F. . . idem, idem.

Actenicerus, Kiesw.

tessellatus, L. . . . . . sur les fleurs, dans les Vosges, commun.
v. assimilis, Gyll. . . idem, idem.

Orithales, Kiesw.

serraticornis, Payk. . . à Haguenau, sur les fleurs, assez rare.
♀ *longulus*, Gyll.

Liotrichus, Kiesw.

Quercus, Gyll. . . . . . à Haguenau, à Darney et à Remiremont, sur les chênes, rare.
affinis, Payk. . . . . . . dans les Hautes-Vosges, rare.

Diacanthus, Latr.

impressus, F. . . . . . à Barr, dans les Vosges, sur les arbustes, très-rare.
metallicus, Payk. . . . sur les fleurs, assez commun.
æneus, L. . . . . idem, commun.
v. germanus, L. . . . idem, idem.
v. cyaneus, Marsh. . idem, rare.
latus, F. . . . . idem, commun.
v. gravidus, Germ. . idem, idem.
v. Milo, Germ. . . . idem, idem.
cruciatus, L. . . . . . . à Haguenau (Billot), sur le Champ-du-Feu (Silberm.), à Épinal et à Darney, sur le coudrier, rare.
bipustulatus, L. . . . . à Haguenau et dans les Vosges, sous les mousses des vieux chênes, commun.

Hypoganus, Kiesw.

cinctus, Payk. . . . . . à Vendenheim et dans les Vosges, sous les mousses des vieux chênes.

Tactocomus, Kiesw.

holosericeus, F. . . . . sur les fleurs en ombelles et les chênes, commun.

Synaptus, Esch.

filiformis, F. . . . . . . sur les fleurs, les saules etc., très-commun.

Agriotes, Esch.

aterrimus, L. . . . . . sur les fleurs et les arbustes, commun.
pilosus, Panz. . . . . . idem, idem.
pallidulus, Illig. . . . . idem, idem.
sobrinus, Kiesw. . . . . idem, idem.
lineatus, L. . . . . . . idem, et surtout dans les inondations, idem.
segetis, Bierk.
obscurus, L. . . . . . . idem, idem.
sputator, L. . . . . . . idem, idem.
ustulatus, Schall. . . . idem, idem.
v. gilvellus, Lacd. . . idem, idem.
gallicus, Cast. . . . . . idem, dans les Vosges, idem.

Sericosomus, Redt.

brunneus, L. . . . . . . sur les fleurs et les arbustes, assez rare.
♂ v. fugax, F. . . . . idem, idem.
subæneus, Redt. . . . . idem, à Haguenau (Goubert, Wencker), rare.

Dolopius, Esch.

marginatus, L. . . . . . sur les fleurs et les arbustes, très-commun.

Adrastus, Esch.

limbatus, F. . . . . sur les fleurs et les arbustes, très-commun.
pallens, F. . . . . idem, rare.
pusillus, F. . . . . idem, très-commun.
humilis, Er. . . . . idem, dans les Vosges, rare.

Campylus, Fisch.

rubens, Pill. . . . . dans les Vosges (Blind), sur les fleurs et les arbustes,
denticollis, F. [assez rare.
linearis, L. . . . . idem, idem, commun.
♀ *mesomelas*, L.

CYPHONIDÆ.

Dascillus, Latr.

cervinus, L. . . . . dans les Vosges, sur les fleurs, commun.
♂ *cinereus*, F.

Helodes, Latr.

minutus, L. . . . . sur les plantes marécageuses, commun.
pallidus, F.
marginatus, F. . . . . . . dans les Vosges, idem, rare.

Microcara, Thoms.

testacea, L. . . . . dans les Vosges, sur les plantes marécageuses, com-
livida, F. [mun.

Cyphon, Payk.

coarctatus, Payk. . . . sur les plantes aquatiques, très-commun.
nitidulus, Thoms. . . . pris un seul individu à la Robertsau, près de Stras-
fuscicornis, Thoms. . . dans les Vosges, rare. bourg, très-rare.
variabilis, Thunb. . . . sur les plantes aquatiques, très-commun.
Padi, L. . . . . idem, idem.
Putonii, Ch. Bris. . . . deux individus seulement ont été pris à Remiremont.

Hydrocyphon, Redt.

deflexicollis, Müll. . . . dans les Vosges, sur les plantes aquatiques, très-rare.

Scirtes, Illig.

hemisphæricus, L. . . . sur les plantes aquatiques, rare.

LAMPYRIDÆ.

Dictyopterus, Latr.

sanguineus, F. . . . . . dans les Vosges, sur les fleurs en ombelles, commun.

Eros, Newm.

Aurora, F. . . . . dans les Vosges, sur les fleurs en ombelles, rare.
minutus, F. . . . . . . idem, moins rare.
affinis, Payk. . . . . . idem, rare.
Cosnardii, Chevr. . . . idem (Wencker), idem.

Omalisus, Geoffr.

suturalis, F. . . . . . . à Vendenheim, à Haguenau et dans les Vosges, sur les fleurs en ombelles, très-commun.

Lampyris, Geoffr.

noctiluca, L. . . . . . . le soir dans la campagne en juin, commun.

Lamprorhiza, Motsch.

splendidula, L. . . . . le soir dans la campagne en juin, commun.
Senckii, Villaret.

Phosphænus, Cast.

hemipterus, F. . . . . . en avril et mai en fauchant sur l'herbe dans les îles du Rhin, commun.

Drilus, Oliv.

flavescens, F. . . . . . en fauchant dans les îles du Rhin, commun.
♀ *vorax*, Milzinski. . vit dans le genre *Helix*, très-rare.
concolor, Ahr. . . . . . en fauchant dans les îles du Rhin en avril et mai, commun; la femelle, qui est très-rare, vit dans le genre *Helix* (îles du Rhin).

TELEPHORIDÆ.

Telephorus, Schæff.

Podabrus, Fisch.

lateralis, L. . . . . . . sur les fleurs et sur les conifères dans les Hautes-Vosges, rare.
v. rubens, F. . . . . idem (Silberm.), assez rare

Ancistonychus, Mærk.

abdominalis, F. . . . . sur les fleurs dans les Hautes-Vosges, assez rare.
violaceus, Payk. . . . . idem, idem.
Erichsonii, Bach. . . . au Hoheneck (Umhang, Leprieur), rare.

Telephorus, Schæff.

annularis, Mén. (de Marseul) sur les fleurs et les blés, peu commun.
oculatus, Mulsant, non Gebler.
fuscus, L. . . . . idem, très-commun.
illyricus, Muls. . . . . . pris à Türckheim par M. Umhang, rare.
rusticus, Fall. . . . . . pris à Colmar par M. Kampmann, rare.
tristis, F. . . . . idem, idem.
obscurus, L. . . . . . . idem, idem.
pulicarius, F. . . . . . idem, idem.
albo-marginatus, Mærk. idem, assez rare.
nigricans, Illig. . . . . dans les Vosges, sur les fleurs, rare.
pellucidus, F. . . . . . idem, commun.
lividus, L. . . . . idem, idem.
v. dispar, F. . . . . . idem, très-commun.
assimilis, Payk. . . . . idem, idem.
sudeticus, Letz. . . . . dans les Vosges et à Wissembourg, très-rare.
hæmorrhoidalis, F. . . dans les Hautes-Vosges, au Champ-du-Feu, idem.

rufus, L. . . . . sur les fleurs, commun.
bicolor, Panz. . . . . . idem, idem.
figuratus, Mannh. . . . idem, assez rare.
fulvicollis. F. . . . . . . idem, commun.
flavilabris, Fall. . . . . dans les Vosges, très-rare.
paludosus, Fall. . . . . dans les Hautes-Vosges, au Champ-du-Feu, rare.
oralis, Germ. . . . . . sur les fleurs, assez commun.
lateralis, Gyll.

Absidia, Muls.

pilosa, Payk. . . . . au Hoheneck et autres cimes des Vosges, sur les [fleurs, rare.

Rhagonycha, Esch.

signata, Germ. . . . . . dans les Vosges, sur les fleurs, très-rare.
rufescens, Letz. . . . . idem, idem.
fulva, Scop. . . . . . . idem, très-commun.
fuscicornis, Oliv. . . . . idem, assez commun.
testacea, L. . . . . idem, très-commun.
nigripes, Redt. . . . . idem, (Vosges), rare.
pallida, F. . . . . idem, idem, pas trop rare.
atra, L. . . . . idem, idem, très-rare.
elongata, Fall. . . . . . idem, idem, commun.

Pygidia, Muls.

denticollis, Schum.. . . sur les fleurs, près de Colmar, très-rare.
Redtenbacheri, Mærk.

Malthinus, Latr.

fasciatus, Fall. . . . . . sur les fleurs, commun.
flaveolus, Payk. . . . . idem, idem.
biguttulus, Payk. . . . idem (Wissembourg, Vosges), très-rare.
frontalis, Marsh. . . . . idem, commun.

Malthodes, Kiesw.

minimus, L. . . . . . . sur les fleurs, très-commun.
marginatus, Latr. . . . idem, idem.
mysticus, Kiesw. . . . pris à Remiremont, rare.
guttifer, Kiesw. . . . . idem, idem.
dispar, Germ. . . . . . idem, le long de la Brusche, pas trop rare.
flavo-guttatus, Kiesw. . idem (Vosges), rare.
maurus, Cast. . . . . . idem, idem.
hexacanthus, Kiesw. . . idem, idem.
brevicollis, Payk. . . . idem (Neuhof, Vosges), idem.
misellus, Kiesw. . . . . idem, rare.

MALACHIIDÆ.

Malachius, F.

æneus, L. . . . . sur les fleurs et les graminées, très-commun.
scutellaris, Er. . . . . . idem, pris à Türckheim (Umhang), très-rare.
bipustulatus, L. . . . . idem, très-commun.
viridis, F. . . . . idem, idem.

marginellus, Oliv. . . . sur les fleurs et les graminées, très-commun.
elegans, Oliv. . . . . . idem, dans les Vosges, rare.
pulicarius, F. . . . . . idem, commun.
marginalis, Er. . . . . idem, idem.
rubricollis, Marsh. . . . idem, idem.

Anthocomus, Er.

sanguinolentus, F. . . . sur les fleurs, rare.
equestris, F. . . . . . . idem, commun.
fasciatus, L. . . . . . . idem, idem.

Ebæus, Er.

pedicularius, Schrk. . . dans les Vosges, sur les fleurs, très-rare.
thoracicus, Oliv. . . . . idem, très-commun.
flavipes, Fab. . . . . . à Strasbourg, sur les fleurs, rare.

Charopus, Er.

graminicola, Reiche. . . sur les fleurs et les graminées, assez rare.
flavipes, Payk.
pallipes, Er.
pallipes, Oliv. . . . . . idem, très-commun.
grandicollis, Kiesw.

Troglops, Er.

albicans, L. . . . . . . sur les fleurs et les graminées, très-rare.

Dasytes, Payk.

niger, L. . . . . sur les fleurs en ombelles, commun.
subæneus, Sch. . . . . idem, idem.
cœruleus, F. . . . . . . idem, assez rare.
obscurus, Gyll. . . . . . idem, dans les Vosges, rare.
fusculus, Illig. . . . . . en plaine et dans les Vosges, rare.
flavipes, F. . . . . idem, très-commun.
plumbeus, Illig. . . . idem, idem.

Dolichosoma, Steph.

lineare, F. . . . . sur les fleurs du sureau, rare.

Psilothrix, Redt.

nobilis, Illig. . . . . . . sur les fleurs, assez commun.

Haplocnemis, Steph.

nigricornis, F. . . . . . sur les pins et les sapins, rare.
Pini, Redt. . . . . idem, dans les Vosges, idem.

Danacæa, Cast.

pallipes, Panz. . . . . . sur les fleurs, commun.
tomentosa, Panz. . . . . idem, assez rare.
nigritarsis, Küst. . . idem, dans les Vosges, commun.

Phloiophilus, Waterh.

Edwardsii, Steph. . . . dans les Vosges, dans les fagots, excessivement rare.

CLERIDÆ.

Tillus, Oliv.

elongatus, L. . . . . . sur les fleurs, surtout dans les Vosges, commun.
unifasciatus, F. . . . . sur les échalas idem, idem.

Opilus, Latr.

mollis, L. . . . . sur les échalas dans les Vosges, assez commun.
domesticus, Sturm. . . idem, idem.

Clerus, Geoffr.

mutillarius, F. . . . . . sur le bois dans les coupes, rare.
formicarius, L. . . idem et dans les maisons, très-commun.
rufipes, Brahm. . . . . M. Puton à pris un seul individu à Remiremont.
4-maculatus, F. . . . . à Haguenau, rare.

Trichodes, Hbst.

alvearius, F. . . . . . . sur les fleurs, commun.
apiarius, L. . . . . . . idem, idem.

Orthopleura, Spin.

sanguinicollis, F. . . . . à Haguenau, dans les haies, très-rare.

Enoplium, Latr.

serraticorne, F. . . . . chez les droguistes, avec les racines et les bois étrangers, très-rare.

Corynetes, Hbst.

cœruleus, De Geer. . . sur les fleurs, commun.
ruficornis, Sturm. . . . idem, très-rare.

Necrobia, Latr.

ruficollis, Oliv. . . . . . à Haguenau, sous les cadavres, très-commun.
rufipes, F. . . . . idem et sur les fleurs, rare.
violaceus, L. . . . . . . idem, idem, commun.

Laricobius, Rosenh.

Erichsonii, Rosenh. . . dans les Vosges, dans les vieux sapins (Puton), très-rare.

LYMEXYLONIDÆ.

Hylecœtus, Latr.

dermestoides, L. . . . . dans les Vosges, sur le bois dans les coupes, rare.

Lymexylon, F.

navale, L. . . . . sur le bois dans les coupes, assez rare.

APATIDÆ.

Apate, F.

capucina, L. . . . . sous l'écorce du chêne, assez rare.
varia, Illig. . . . . . . dans les Vosges, rare.

Rhizopertha, Steph.

pusilla, F. . . . . sous les écorces et les bois étrangers chez les marchands de bois et les droguistes.

Dinoderus, Steph.

substriatus, Payk. . . . dans la forêt de Haguenau, très-rare.

LYCTIDÆ.

Lyctus, F.

canaliculatus, F. . . . . dans les maisons, assez commun.
pubescens, Panz. . . . idem, idem.
bicolor, Comolli. . . . . idem, rare.
brunneus, Steph. . . . dans les Vosges, dans les fagots, rare.
impressus, Comolli. . . à Strasbourg chez les marchands de bois de construction et à Türckheim (Martin), rare.

CISIDÆ.

Rhopalodontus, Mellié.

perforatus, Gyll. . . . . dans les bolets (Vosges), rare.
fronticornis, Panz. . . . idem, assez rare.

Cis, Latr.

Boleti, Scop. . . . . dans les bolets, commun.
setiger, Mell.. . . . . . . idem, rare.
rugulosus, Mell. . . . . idem, idem.
micans, Hbst. . . . . . idem. rare.
hispidus, Payk. . . . . idem, commun.
comptus, Gyll. . . . . . idem, rare.
bidentatus, Oliv. . . . . pris à la forêt du Neuhof dans un bolet de bouleau, [rare.
nitidus, Hbst. . . . . . dans les Vosges, peu rare.
oblongus, Mell. . . . . pris dans la forêt de Haguenau, rare.
castaneus, Mell. . . . . près de Barr, assez commun.
punctulatus, Gyll. . . . dans la forêt de Haguenau, rare.
Alni, Gyll. . . . . à l'Orangerie de Strasbourg, sur l'aulne, commun.
festivus, Panz. . . . . . dans les bolets, rare.
laricinus, Mell. . . . . idem, idem.

Ennearthron, Mell.

cornutum, Gyll. . . . . dans les bolets, assez commun.
affine, Gyll. . . . . . . idem, plus commun.

Orophius, Redt.

mandibularis, Gyll. . . dans les bolets, rare.

Octotemnus, Mell.

glabriculus, Gyll. . . . dans les bolets, commun.

ANOBIIDÆ.

Anobium, F.

pulsator, Scholl. . . . . dans les vieux tilleuls, les peupliers etc., assez commun.
tessellatum, F.

pertinax, L. . . . . . . en hiver sous l'écorce des platanes de l'avenue de l'Orangerie de Strasbourg, assez commun.
striatum, F.

denticolle, Panz. . . . . dans les fagots de charmes, les vieilles boiseries, rare.

rufipes, F. . . . . dans les maisons et sur les fleurs, très-commun.

striatum, Oliv. . . . . . idem, rare.
pertinax, F.

fulvicorne, Sturm. . . . idem, assez rare.

paniceum, L. . . . . . dans les maisons, les collections etc., très-commun.

abietinum, Gyll. . . . . sur les sapins et dans les fagots, assez rare.

plumbeum, Illig. . . . idem, dans les Vosges, rare.

molle, L. . . . . idem, idem.

Abietis, F. . . . . sur les pins, idem, assez commun.

Fagi [1]), Muls. . . . . . sur les sapins, idem, assez rare.

Gastrallus, Duv.

lævigatus, Oliv. . . . . à la forêt du Neuhof, sur les sapins, assez commun.

striatellus, Ch. Bris. . . à Haguenau, sur les sapins, pris à Baden par M. Linder, rare.

Dryophilus, Chevr.

pusillus, Gyll. . . . . . dans les Vosges, sur les sapins, commun.

Liozoum, Muls.

parvicolle, Muls. . . . . pris à Stauffen sur les mélèzes, en juin (Leprieur), rare.

pruinosum, Muls. . . . idem, idem.

Oligomerus, Redt.

brunneus, Oliv. . . . . sur les vieux troncs, dans les vielles boiseries, très-rare.

Trypopitys, Redt.

Carpini, Hbst. . . . . . sur les vieux troncs, dans les vieilles boiseries, rare.

Ochina, Sturm.

Latreillei, Bon. . . . . sur le lierre, très-rare.

Hederæ, Müll. . . . . . idem, commun.

Catorama, Guér.

pallida, Germ. . . . . . dans les musées, les plantes desséchées, assez rare.

Ptilinus, Geoffr.

costatus, Gyll. . . . . . en fauchant, ou dans les vieilles boiseries, le bois mort etc., rare.

pectinicornis, L. . . . . idem, idem, assez commun.

1) Cette espèce est souvent donnée sous le nom d'*A. nitidum*, F.

Xyletinus, Latr.

pectinatus, F. . . . . . dans les vieux bois morts, assez rare.
ater, Panz. . . . . idem, idem.
laticollis, Dufour. . . . idem, idem.

Mesocœlopus, Duv.

niger, Müll. . . . . en fauchant et sur le lierre, assez rare.
Hederæ, Dufour.

Dorcatoma, Hbst.

dresdensis, Hbst. . . . dans les bois vermoulus et les bolets, assez répandu.
chrysomelina, Sturm. . au printemps, idem, idem, rare.
flavicornis, F. . . . . . dans le chêne carié, rare
Bovistæ, Koch. . . . . . dans l'intérieur du *Lycoperdon Bovista*, assez com-
affinis, Sturm. . . . . . idem, idem, rare. [mun.

Sphindus, Chevr.

dubius, Gyll. . . . . dans les bolets et les trembles vermoulus, assez
Gyllenhalii, Chevr. [rare.

PTINIDÆ.

Hedobia, Sturm.

imperialis, L. . . . . . sur les fleurs du sureau et de l'aubépine, commun.
regalis, Duft. . . . . . . idem, idem et dans les vieux fagots, assez rare.

Ptinus, L.

variegatus, Rossi. . . . dans les maisons, sur les fagots, rare.
sexpunctatus, Rossi. . . en hiver sous l'écorce du platane, assez commun.
dubius, Sturm. . . . . . dans les maisons, assez rare.
rufipes, F. . . . . dans les latrines etc., très-commun.
bicinctus, Sturm. . . . idem, moins rare.
fur, L. . . . . idem, commun.
pusillus, Sturm. . . . . idem, rare.
pilosus, Müll. . . . . . dans les fagots, très-rare.
brunneus, Duft. . . . . idem, idem.
latro, F. . . . . dans les latrines et les endroits sombres, très-com-
bidens, Oliv. . . . . idem, assez rare. [mun.
raptor, Sturm. . . . . . dans les maisons, très-rare.

Gibbium, Scop.

scotias, F. . . . . dans les latrines et les vieux magasins, très-rare.

Mezium, Curt.

affine, Boield. . . . . . M. Oscar Kœchlin en a pris un individu dans les environs de Dornach.

TENEBRIONIDÆ.

Blaps, L.

mucronata, Latr. [1]) . . . dans les caves, sous les pierres, les planches, les tonneaux, très-commun.
obtusa, Sturm.
Chevrolati, Sol.

similis, Latr. . . . . idem, idem.
fatidica, Sturm.

Asida, Latr.

grisea, Oliv. . . . . commun dans les terrains calcaires des Vosges.

Crypticus, Latr.

quisquilius, L. . . . . . . sur les genêts dans les endroits sablonneux, assez commun.
glaber, F.

Opatrum, Er.

sabulosum, L. . . . . . . dans l'herbe et sur les chemins, très-commun.

Microzoum, Redt.

tibiale, F. . . . . dans l'herbe et sur les chemins, assez rare.

Bolitophagus, Illig.

reticulatus, L. . . . . . . dans les bolets, assez rare.
armatus, Panz. . . . . . . idem, très-rare.

Eledona, Latr.

agricola, Hbst. . . . . . . en fauchant sur les trèflières, commun.

Diaperis, Geoffr.

Boleti, L. . . . . surtout dans les bolets du bouleau, commun.

Hoplocephala, Cast.

bituberculata, Oliv. . . pris par M. Mathieu à Haguenau, rare.

Scaphidema, Redt.

æneum, Payk. . . . . . . assez répandu dans les bolets en plaine, plus commun encore dans les Vosges.
v. bicolor, F.

Platydema, Cast.

violaceum, F. . . . . . . à Haguenau et dans les Vosges, rare.

Alphitophagus, Steph.

4-pustulatus, Steph. . . . dans les vieux fagots, assez rare.

Pentaphyllus, Latr.

testaceus, Hellw. . . . . dans le chêne carié au rouge, assez commun.

Gnathocerus, Thunb.

cornutus, F. . . . . avec les denrées coloniales, chez les épiciers, assez rare.
♀ *læviusculus*, Cast.

1) Ce Blaps est répandu à tort dans les collections sous le nom de *mortisaga*, Lin. Le véritable *mortisaga* de Linné est une espèce toute septentrionale et plus grande que la nôtre. (Wencker.)

Tribolium, Mac-Leay.

ferrugineum, F. . . . . . chez les droguistes, assez rare.

Uloma, Cast.

culinaris, L. . . . . à Haguenau, dans les vieux troncs, rare.

Hypophlœus, Hellw.

depressus, F. . . . . . sous l'écorce des vieux arbres, assez rare.
Ratzeburgii, Wissm. . . idem, pris à Haguenau par M. Mathieu, rare.
castaneus, Schn. . . . . idem, assez commun.
Pini, Panz. . . . . idem, idem.
bicolor, Ol. . . . . idem, idem.
fasciatus, Kug. . . . . . idem, idem.

Tenebrio, L.

molitor, L. . . . . chez les fariniers, dans les greniers, très-commun.
obscurus, F. . . . . . . idem, idem.

Helops, F.

lanipes, L. . . . . au pied des arbres dans les mousses, assez commun.
striatus, Fourcr. . . . . idem, très-commun.
caraboides, Panz.

CISTELIDÆ.

Mycetochares, Latr.

barbata, Latr. . . . . . dans les fagots et sous l'écorce des vieux troncs,
♂ *linearis*, Illig. assez rare.
bipustulata, Illig. . . . pris à Remiremont par M. Puton, très-rare.
linearis, Redt. . . . . . à l'Orangerie de Strasbourg, sous l'écorce des vieux [troncs, rare.

Allecula, F.

morio, F. . . . . à l'Orangerie de Strasbourg, sous l'écorce des vieux [troncs, rare.
rhenana, Bach. . . . . idem, idem.

Gonodera, Muls.

luperus, Hbst. . . . . . sur les fleurs du sureau et de l'aubépine, assez rare.
fulvipes, F.
varians, F. . . . . idem, idem.

Cistela, F.

ceramboides, L . . . . sur les fleurs du sureau et de l'aubépine, rare.

Hymenalia, Muls.

fusca, Illig. . . . . . . sur les fleurs du sureau et de l'aubépine, commun.
rufipes, F.

Isomira, Muls.

murina, L. . . . . sur les fleurs du sureau et de l'aubépine, commun.
v. maura, L.

Eryx, Steph.

ater, F. . . . . vers le soir sur le tronc des vieux arbres de la promenade Lenôtre, près de Strasbourg, assez commun.

Ctenioptus, Sol.

sulfureus, L. . . . . . sur les fleurs en ombelles, très-commun.
v. ♂ bicolor, F.

Omophlus, Sol.

lepturoides, F. . . . . . sur les arbustes, assez rare.
brevicollis, Muls. . . . idem, dans les Vosges, idem.

PYTHONEÆ.

Pytho, Latr.

depressus, L. . . . . . à Haguenau, sous l'écorce des pins, assez rare.

Salpingus, Gyll.

æratus, Muls. . . . . . M. Puton en a pris un seul individu à Remiremont.
castaneus, Panz. . . . . dans les haies d'aubépine etc., assez commun.

Lissodema, Curt.

denticollis, Gyll. . . . . dans les haies d'aubépine etc., assez commun.

Rhinosimus, Latr.

planirostris, L. . . . . dans les fagots, très-commun.
ruficollis, L. . . . . . . idem, rare.
viridipennis, Latr. . . . idem, plus rare.

MELANDRYADÆ.

Tetratoma, F.

fungorum, F. . . . . . à Haguenau, dans les bolets, assez rare.

Eustrophus, Illig.

dermestoides, F. . . . dans les bolets et les champignons, rare.

Orchesia, Latr.

micans, Panz. . . . . . dans les bolets du noyer, commun.

Carida, Muls.

affinis, Payk. . . . . . . dans les bolets et les souches de pins, rare.

Phloiotrya, Steph.

Vaudoueri, Muls. . . . sur les sapins, le soir (Linder), très-rare.

Serropalpus, Payk.

striatus, Hellw. . . . . sur les sapins, le soir (Caulle, Silberm.), rare.

Hypulus, Payk.

quercinus, Payk. . . . . à Haguenau, dans les botets, rare.

Melandrya, F.

caraboides, L. . . . . . sur le vieux bois, rare.
flavicornis, Duft. . . . . pris par M. Goubert contre un mur à l'Orangerie de Strasbourg.

Nothus, Oliv.

bipunctatus, F. . . . . . . sur les fleurs de l'aubépine, dans la forêt du Neuhof, en avril (Lucas, Wencker), très-rare.

LAGRIIDÆ.

Lagria, F.

hirta, L. . . . . en fauchant dans les forêts, très-commun.
atripes, Muls. . . . . . . idem, dans les Vosges, peu rare.

PYROCHROIDÆ.

Pyrochroa, Geoffr.

coccinea, L. . . . . sur les jeunes bouleaux, assez commun.
Satrapa, Schr. . . . . . . idem et les saules, idem.
rubens, F.
pectinicornis, L. . . . . . à Haguenau, sous l'écorce de hêtre (Billot), et au Champ-du-Feu (Silberm.), très-rare.

ANTHICIDÆ.

Xylophilus, Latr.

populneus, F. . . . . . . en criblant au pied des arbres, près du Neuhof, rare.

Scraptia, Latr.

fusca, Latr. . . . . en fauchant sur la promenade Lenôtre près de Strasbourg, rare.
fuscula, Gyll.
minuta, Muls. . . . . . . courant sur les vieux troncs des tilleuls de l'Orangerie de Strasbourg, rare.

Notoxus, Geoffr.

brachycerus, Fald. . . . . à l'Ile-des-Épis près de Strasbourg, en fauchant, assez commun.
major, Schm.
monoceros, L. . . . . . . idem, très-commun.
cornutus, F. . . . . le long de la Brusche (Blind), assez rare.

Anthicus, Payk.

humilis, Germ. . . . . au pied des plantes et des arbres, dans les endroits sablonneux, rare.
floralis, L. . . . . idem, commun.
bifasciatus, Rossi. . . . dans les inondations de l'Ill, de la Moder et de la Fecht, peu commun.
sellatus, Panz. . . . . . au pied des plantes et des arbres, dans les endroits sablonneux, très-rare.
instabilis, Schm. . . . . idem, rare.
Schmidtii, Rosenh. . . . à l'Ile-des-Épis, près de Strasbourg, commun.
longicollis, Schm. . . . dans les inondations (Leprieur), très-rare.
antherinus, L. . . . . . à l'Ile-des-Épis près de Strasbourg, idem.
hispidus, Rossi. . . . . le long de la Brusche, assez rare.
flavipes, Panz. . . . . . idem, peu rare.

MORDELLIDÆ.

Tomoxia, Costa.

biguttata, Gyll. . . . . . sur les fleurs, très-rare.

Mordella, L.

maculosa, Næz. . . . . dans les bolets (Ott), très-rare.
fasciata, F. . . . . sur les fleurs, très-commun.
aculeata, L. . . . . . . idem, idem.

Mordellistena, Costa.

abdominalis, F. . . . . sur les fleurs, commun.
humeralis, L. . . . . . idem, idem.
brunnea, F. . . . . . . idem, idem.
lateralis, Oliv. . . . . . idem, idem.
inæqualis, Muls. . . . . idem, assez rare.
pumila, Gyll. . . . . . . idem, idem.
grisea, Muls. . . . . . . idem, idem.

Anapsis, Geoffr.

monilicornis, Muls. . . sur les fleurs, commun.
rufilabris, Gyll. . . . . idem, idem.
frontalis, L. . . . . . . idem, idem.
Geoffroyi, Müll. . . . . idem, idem.
thoracica, L. . . . . . . idem, idem.
flava, L. . . . . idem, idem.
subtestacea, Steph. . . idem, idem.

Silaria, Muls.

varians, Muls. . . . . . en fauchant dans les Vosges, rare.
bicolor, Fast. . . . . . . idem, peu rare.
4-pustulata, Müll., Muls.

Rhipidius, Thunb.

pectinicornis, Thunb. . Ce rarissime insecte a été pris une fois à Haguenau par M. Mathieu.

Rhipiphorus, F.

paradoxus, L. . . . . . vit dans le nid souterrain du *Vespa vulgaris*, dans les sablonnières (à droite de la route impériale n° 63, avant d'arriver à Vendenheim), très-rare.

CANTHARIDÆ.

Meloe, L.

proscarabæus, L. . . . dans l'herbe sur les prés, sur les bords des chemins, [commun.
cyaneus, Gebl. . . . . . idem, assez rare.
violaceus, Marsh. . . . idem, commun.
autumnalis, Oliv.. . . . idem, assez rare.
cicatricosus, Leach. . . idem, idem.
limbatus, F. . . . . . . idem aux environs de Colmar, très-rare.

variegatus, Donow. . . dans l'herbe sur les prés, sur les bords des chemins, [assez rare.
rugosus, Marsh. . . . . idem, idem.
scabriusculus, Brandt. . idem, idem.
brevicollis, Panz. . . . idem, idem.

Cerocoma, Geoffr.

Schæfferi, L. . . . . . . dans les Vosges, sur les fleurs en ombelles, assez [commun.

Cantharis, Geoffr.

vesicatoria, L. . . . . . sur le frêne et le lilas, quelquefois très-commun.

Sitaris, Latr.

muralis, Fœrst.. . . . . sur les vieux murs, les vieux châteaux des Vosges (Silberm.), peu commun.

ŒDEMERIDÆ.

Calopus, F.

serraticornis, L. . . . . pris dans un chantier de bois à Haguenau, et dans une vieille souche dans les Vosges (Silberm.), très-rare.

Anoncodes. Schm.

rufiventris, Scop. . . . en fauchant dans la forêt de Vendenheim, très-rare.
ustulata, F. . . . . . . idem, dans les Vosges, commun.

Asclera, Schm.

sanguinicollis, F. . . . . en fauchant sur les fleurs du *Fragaria collina* et sur le *Cratægus Oxyacantha*, assez rare.
cœrulea, L. . . . . idem, moins rare.

Œdemera, Oliv.

Podagrariæ, L. . . . . . sur les fleurs en ombelles, commun.
flavescens, L. . . . . . idem, idem.
subulata, Oliv. . . . . . idem, dans les Vosges, idem.
marginata, F.
flavipes, F. . . . . idem, assez commun.
cœrulea, L. . . . . . . idem, commun.
virescens, L. . . . . . . idem, idem.
lurida, Marsh. . . . . . idem, idem.
atrata, Schm. . . . . . idem, idem.
tristis, Ullr. . . . . . . idem, dans les Vosges, rare.

Chrysanthia, Schm.

viridissima, L. . . . . . dans les Vosges, en fauchant, assez rare.
viridis, Schm. . . . . . à Vendenheim, sur les euphorbes (Wencker), assez commun.

Mycterus, Clairv.

curculionoides, Illig. . . sur le genre *Carlina*, assez rare.
Umbellatarum, F. . . . idem, idem.

CURCULIONIDÆ.

BRUCHI.

Bruchus, L.

variegatus, Germ. . . . sur les légumineuses, assez rare.
bimaculatus, Oliv.
marginellus, F. . . . . sur le *Vicia sepium*, rare.
varius, Oliv. . . . . . . sur les légumineuses, commun.
imbricornis, Panz. . . . idem, idem.
Cisti, F. . . . . en juin et juillet sur le *Cistus Helianthemum*, idem.
canus, Germ.
olivaceus, Germ. . . . . en fauchant sur les légumineuses, assez commun.
virescens, Bohm. . . . idem, rare.
Pisi, L. . . . . sur les *Pisum arvense* et *sativum*, commun.
rufimanus, Bohm. . . . sur le *Vicia Faba*, idem.
affinis, Frœhl. . . . . . idem, assez rare.
flavimanus, Bohm.
sertatus, Illig. . . . . . sur les légumineuses, idem.
v. signaticornis, Gyll.
pallidicornis, Bohm. . . idem, idem.
luteicornis, Illig. . . . . idem, commun.
nubilus, Bohm. . . . . idem. idem.
Loti, Payk. . . . . sur le *Lathyrus pratensis*, idem.
Lathyri, Steph.
Viciæ, Oliv. . . . . . . idem, assez rare.
pubescens, Germ. . . . idem, très-rare.
ater, Marsh. . . . . . . en fauchant, commun.
Cisti, F.
seminarius, L. . . . . . sur le *Lathyrus pratensis* et le *Vicia sepium*, idem.
granarius, Payk.

Spermophagus, Stev.

Cardui, Bohm. . . . . . en fauchant sur les ombellifères etc, commun.

Urodon, Sch.

rufipes, F. . . . . sur les *Reseda lutea* et *luteola*, commun.
suturalis, F. . . . . . . idem, idem.

ANTHRIBI.

Brachytarsus, Sch.

scabrosus, F. . . . . . sur les fleurs, et surtout sous les écorces de platanes en hiver, commun.
varius, F. . . . . idem, idem.

Tropideres, Sch.

albirostris, Hbst. . . . . dans les vieux fagots, assez rare.
sepicola, Hbst. . . . . . idem, idem.
niveirostris, F. . . . . . idem, idem.

Platyrhinus, Clairv.

latirostris, F. . . . . sur les vieux troncs et le bois carié à l'Orangerie de [Strasbourg, rare.

Anthribus, Geoffr.

albinus, L. . . . . dans les haies et les fagots de hêtres, assez rare.

Choragus, Kirby.

Sheppardii, Kirby. . . . en juin, sur le *Cratægus Oxyacantha* et dans les fagots, assez rare.

BRACHYDERI.

Cneorhinus, Sch.

geminatus, F. . . . . . . dans les endroits sablonneux, attaque quelquefois les vignes, le pin et le hêtre, assez rare.

Liophlœus, Germ.

nubilus, F. . . . . sur les haies des jardins au Wacken, près de Strasbourg, et dans les Vosges, assez rare.
chrysopterus, Sch. . . . dans les Hautes-Vosges, rare.

Barynotus, Germ.

obscurus, F. . . . . sous les pierres, nuisible en détruisant vers le soir toutes espèces de plantes, commun.
mœrens, F. . . . . dans les Vosges, du côté de Türckheim, même mœurs que le précédent, assez commun.
squalidus, Sch. . . . . . pris au Hoheneck par M. Puton, rare.

Strophosomus, Bilb.

obesus, Marsh. . . . . . . sur les chênes, les noisetiers et les pins, très-commun.
Coryli, Bohm.
Coryli, Waltl. . . . . . . idem, moins commun.
illibatus, Bohm.
faber, Hbst. . . . . idem, rare.
limbatus, F. . . . . idem, assez rare.
hirtus, Bohm. [1] . . . . idem, très-rare.

Foucartia, Duval.

squamulata, Hbst. . . . dans l'herbe, sur les glacis hors la porte Nationale à Strasbourg, assez commun.

Sciaphilus, Sch.

muricatus, F. . . . . . . sur toutes sortes d'arbres, très-commun.
setulosus, Germ. . . . . pris par M. Robin, rare.

Eusomus, Germ.

ovulum, Germ. . . . . . . sur toutes sortes d'arbres, très-commun.

Brachyderes, Sch.

incanus, L. . . . . sur les pins, très-commun à Haguenau.

[1] Le *Strophosomus hirtus* ressemble beaucoup à l'*Omias gracilipes*, et on les confond souvent dans les collections. (Wencker.)

Sitones, Germ.

griseus, F. . . . . sous le *Verbascum Thapsus*, et sous les pierres, assez commun dans les terrains sablonneux (Marienthal).
suturalis, Step. . . . . idem, à Haguenau, idem, assez rare.
elegans, Gyll.
flavescens, Marsh. . . . en fauchant sur les trèfles, idem.
sulcifrons, Schh. . . . . en abondance, en fauchant dans les champs de luzerne, au mois de septembre.
tibialis, Gyll.
Medicaginis, Redt.
tibialis, Germ. . . . . . sur les différentes espèces de *Genista*, commun.
♀ *striatellus*, Sch.
v. ambiguus, Sch.
v. brevicollis, Sch.
crinitus, Oliv. . . . . . idem, idem.
regensteinensis, Sch. sur le *Spartium scoparium*, idem.
v. globulicollis, Sch. . idem, idem.
cambricus, Steph. . . . en fauchant dans les champs, idem.
v. constrictus, Sch.
puncticollis, Kirby. . . . idem, assez rare.
lineatus, Sch. . . . . . sur les champs de trèfle et le *Vicia Faba*, commun.
v. geniculatus, Sch. .
discoideus, Sch. . . . . idem, assez rare.
lateralis, Gyll. . . . . . idem, idem.
hispidulus, F. . . . . . idem, commun.
hæmorrhoidalis, Gyll.
tibiellus, Gyll. . . . . . idem, idem.
humeralis, Steph. . . . idem, idem.
v. attritus, Sch.
promptus, Gyll.

Metallites, Germ.

mollis, Germ. . . . . . dans les Vosges, nuisible aux pins et aux sapins, assez commun.
atomarius, Oliv. . . . . idem, affectionne les mélèzes, idem.
marginatus, Steph. . . sur toutes sortes d'arbres et surtout sur le coudrier, commun.
ambiguus, Gyll.

Polydrosus, Germ.

undatus, F. . . . . . . sur les taillis de chênes et sur le *Corylus Avellana*, assez commun.
planifrons, Gyll. . . . . sur les bouleaux, assez rare.
impressifrons, Gyll. . . dans les Vosges, idem.
flavipes, De Geer. . . . sur différents arbrisseaux, commun.
pterygomalis, Bohm. . . idem, idem.
corruscus, Germ. . . . idem, idem.
flavovirens, Gyll. . . . . idem, idem.
cervinus, L. . . . . . . nuisible à la plupart des arbres de nos forêts et de nos vergers, assez commun.
chrysomela, Oliv. . . . à Haguenau et dans les Vosges, assez rare.
confluens, Steph. . . . dans les Vosges, sur les arbrisseaux, assez commun.
sparsus, Gyll. . . . . . idem, rare.

picus, F. . . . . a été pris près de Türckheim, rare.
sericeus, Schall. . . . . dans les Vosges, sur les arbrisseaux, commun.
micans, F. . . . . dans les Vosges, nuisible aux noisetiers et aux hêtres, commun.

Tanymecus, Germ.

palliatus, F. . . . . sur le *Carlina vulgaris*, très-commun.

Chlorophanus, Germ.

viridis, L. . . . . sur les différents saules, aux bords du Rhin, commun.
pollinosus, F. . . . . . idem, idem.
salicicola, Germ. . . . . idem, idem.
graminicola, Gyll. . . . idem, idem.

OTIORHYNCHI.

Otiorhynchus, Sch.

fuscipes, Oliv. . . . . . . dans les Vosges, sur les arbres, principalement sur
v. Fagi, Gyll. les hêtres, commun.
v. erythropus, Bohm. idem, idem.
tenebricosus, Hbst. . . idem, sur différents arbres, commun.
substriatus, Sch. . . . . idem, du côté de Thann, à Belfort, moins commun.
scabripennis, Gyll. . . . sur le *Corylus Avellana*, commun.
niger, F. . . . . dans les Vosges sur les arbres, commun.
v. villoso-punctatus, Gyll. idem, idem.
v. alpinus, Stier. . . . idem (Kampmann), rare.
unicolor, Hbst. . . . . . dans les Vosges, sur les conifères, commun.
v. ebeninus, Gyll.
raucus, F. . . . . nuisible à différents arbres de nos vergers, commun.
scabrosus, Marsh. . . . dans les vignobles, assez commun.
ligneus, Oliv. . . . . . sous les pierres, assez rare.
porcatus, Hbst. . . . . le long du Rhin, au pied des arbres, commun.
septentrionis, Hbst. . . dans les Vosges, sous les pierres et sur les conifères, idem.
picipes, F. . . . . à Vendenheim et dans les Vosges, sur les sapins, très-commun.
v. Chevrolatii, Gyll. idem, rare.
pupillatus, Gyll. . . . . dans les Vosges, sur les hêtres, et plus souvent sur les sapins, commun.
gemmatus, F. . . . . . idem, du côté de Wissembourg, rare.
v. chlorophanus, Boh. idem, idem.
sulcatus, F. . . . . . . idem, commun.
Ligustici, L. . . . . . . sur les chemins et dans les champs de trèfle, idem.
rugifrons, Gyll. . . . . dans les Vosges, sous les pierres, assez rare.
ovatus, L. . . . . sous les pierres, commun.
v. pabulinus, Panz. idem, assez rare.

Cœnopsis, Bach.

fissirostris, Walton. . . à Haguenau, au pied des arbres, rare.

Peritelus, Germ.

griseus, Oliv. . . . . . . sur différentes plantes, en fauchant, très-commun.
hirticornis, Hbst. . . . . a beaucoup nui, en 1863, aux arbres à pépins, dans les pépinières de M. Nap. Baumann, à Bollwiller, commun.

Omias, Germ.

rotundatus, F. . . . . . dans l'herbe, au pied des arbres, commun.
gracilipes, Panz. . . . . dans les inondations de l'Ill et du Rhin (Wenck.), rare.
hirsutulus, F. . . . . . dans l'herbe, au pied des arbres, idem.
brunnipes, Oliv. . . . . idem, très-commun.
trichopterus, Gautier. . idem, dans la forêt de Vendenheim, idem.
pellucidus, Bohm. . . . idem, assez rare.

Trachyphlœus, Germ.

scaber, L. . . . . dans l'herbe, au pied des arbres, commun.
squamosus, Gyll. . . . idem, idem.
aristatus, Gyll. . . . . . idem, idem.
scabriculus, L. . . . . . idem, très-commun.
spinimanus, Germ. . . idem, commun.
alternans, Gyll. . . . . idem, assez rare.
squamulatus, Oliv. . . idem, commun.

Phyllobius, Germ.

calcaratus, F. . . . . . sur les arbrisseaux, très-commun.
alneti, F. . . . . sur l'aulne et les orties, commun.
argentatus, L. . . . . . principalement sur les hêtres, idem.
oblongus, L. . . . . . . nuisible à la plupart des arbres, idem.
Pomonæ, Oliv. . . . . . au pied des arbres, dans l'herbe, sur les orties, idem.
sinuatus, F. . . . . . . dans les îles du Rhin, souvent sur les bouleaux, les frênes, les saules, idem.
Piri, L. . . . . sur différents arbres et sur les orties, idem.
vespertinus, F.
Betulæ, F. . . . . généralement sur les bouleaux, commun.
uniformis, Marsh. . . . sur le *Prunus spinosa*, idem.
viridicollis, F. . . . . . sur le hêtre, rare.

TROPIPHORI.

Tropiphorus, Sch.

Mercurialis, F. . . . . . à Haguenau et dans les Vosges, sur les *Mercurialis perennis* et *annua*, assez rare.
globatus, Hbst. . . . . dans les Vosges (Puton), rare.

MINYOPSIDI.

Minyops, Sch.

variolosus, F. . . . . . sous les pierres, commun.
carinatus, L. . . . . . . idem, dans les Vosges, rare.

Gronops, Sch.

lunatus, F. . . . . paraît vivre au pied des plantes aux bords de l'eau (Blind), commun.

STYPHLI.

Orthochætes, Müll.

setiger, Beck. . . . . . . aux bords du Rhin, sous les pierres, peut-être avec les fourmis, ou bien sur le *Clematis Vitalba* (Wencker), rare.

MOLYTIDI.

Trysibius, Sch.

punctipennis, Brullé. . . M. l'abbé Umbang en a pris un individu à Türckheim.

Molytes, Sch.

coronatus, Latr. . . . . sous les pierres et sur les routes, commun.
Germanus, L. . . . . . . idem, dans les Hautes-Vosges, moins commun.
v. carinærostris, Gyll. idem, assez rare.

Liosomus, Sch.

ovatulus, Clairv. . . . . dans les forêts en tamisant, peut-être sur la *Ranunculus repens*, commun.

Meleus, Lacd.

Megerlei, Panz. . . . . dans les Vosges, sous les pierres, rare.

Plinthus, Germ.

caliginosus, F. . . . . . sous les pierres, assez commun.

Trachodes, Sch.

hispidus, L. . . . . . . à Vendenheim, dans les fagots d'aulnes, rare.

HYPERÆ.

Alophus, Sch.

triguttatus, F. . . . . . sous les pierres et dans les champs de trèfle, très-commun.

Hypera, Germ.

Phytonomus, Sch.

punctata, F. . . . . . . sur différentes plantes de prairies, très-commun.
fasciculata, Hbst.. . . . en fauchant, rare
cyrta, Germ. . . . . . . M. l'abbé Umbang en a pris deux individus à Thann [1]).
comata, Bohm. . . . . . dans les Vosges, en fauchant sur le *Salvia pratensis*, [assez commun.
suturalis, Redt. . . . . assez répandu.
palumbaria, Germ. . . . dans la forêt de Haguenau, en fauchant, rare.
Rumicis, L. . . . . . . sur le *Polygonum aviculare* et les *Rumex*, commun.
Pollux, F. . . . . en fauchant sur le *Silene inflata*, assez commun.
suspiciosa, Hbst. . . . . en fauchant dans les luzernes, assez rare.
Viciæ, Gyll. . . . . . . sur l'*Helosciadium nodiflorum*, idem.
Plantaginis, De Geer. . sur les épis de l'*Alisma Plantago*, commun.

[1]) L'espèce répandue dans les collections sous ce nom n'est peut-être pas le vrai *cyrtus* de Garmar. M. Capiomont décidera dans sa monographie à quelle espèce elle doit être rapportée. (Wencker.)

murina, F. . . . . sur les luzernes, commun.
variabilis, Bohm. . . . idem, très-commun.
Polygoni, F. . . . . nuisible aux *Spergula arvensis*, *Stellaria media* et *Lychnis flos cuculi*, assez rare.
Kunzei, Ahr. . . . . aux bords du Rhin, rare.
meles, F. . . . . en fauchant dans les luzernes, assez rare.
postica, Gyll. . . . . . . idem, rare.
plagiata, Redt. . . . . . en Alsace, assez commun.
constans, Bohm. . . . . en fauchant dans les luzernes, commun.
nigrirostris, F. . . . . . idem, très-commun.

Limobius, Sch.

dissimilis, Hbst. . . . . sur le *Geranium sanguineum*, très-rare.

Coniatus, Germ.

repandus, F. . . . . aux bords du Rhin, sur le *Tamarix*, très-commun.

CLEONI.

Leucosomus, Motsch.

ophthalmicus, Rossi. . sous les pierres et sur les routes, assez rare.

Cleonus, Sch.

marmoratus, F. . . . . dans les Vosges, sous les pierres, commun.
trisulcatus, Hbst. . . . idem, et quelquefois sur les carduacées, idem.
grammicus, Panz. . . . idem, idem.
sulcirostris, L. . . . . idem, idem.
scutellatus, Bohm. . . . à Saint-Hippolyte, sur les carduacées, rare.

Stephanocleonus, Motsch.

nebulosus, L. . . . . . sous les pierres, rare.
callosus, Bach. . . . . . idem, à Colmar et dans les Vosges (Kampmann), peu rare.
obliquus, F. . . . . . . idem, rare.
Ericæ, F. . . . . pris par M. Martin à Türckheim, idem.

Megaspis, Sch.

cinereus, Schrank. . . . sous les pierres et sur les chemins, rare.
alternans, Oliv. . . . . idem, commun.
palmatus. . . . . dans les Vosges, très-rare.

Bothynoderes, Sch.

glaucus, F. . . . . dans la forêt de Haguenau, sur les pins, assez rare.
albidus, F. . . . . à Haguenau, sous les pierres sur les chemins, commun.

Rhinocyllus, Germ.

latirostris, Latr. . . . . sur le *Carlina vulgaris* et les carduacées en général, commun.

Larinus, Germ.

sturnus, Schall. . . . . sur le *Cirsium lanceolatum*, commun.
Jaceæ, F. . . . . sur le *Centaurea Jacea*, idem.
Carlinæ, Oliv. . . . . . sur le *Carlina vulgaris* et les autres carduacées, idem.

Lixus, F.

paraplecticus, L. . . . . . sur le *Phellandrium aquaticum* et le *Sium latifolium*, commun.
turbatus, Gyll. . . . . . sur le *Cicuta virosa*, l'*Angelica sylvestris*, le *Chærophyllum bulbosum* (Kampmann) et le *Conium maculatum* (Robin), idem.
Ascanii, L. . . . . sur différentes plantes aquatiques, idem.
Myagri, Oliv. . . . . . . idem, assez commun.
cribricollis, Bohm. . . . sur le *Rumex Acetosa*, surtout dans les Vosges, assez [rare.
angustatus, F. . . . . . sur les carduacées et la *Vicia Faba*, commun.
filiformis, F. . . . . . . sur les *Carduus nutans* et *crispus*, idem.

HYLOBII.

Lepyrus, Germ.

colon, L. . . . . sur les différentes espèces de saules; a été nuisible, en 1863, aux arbres à noyaux (Kampmann), [commun.
binotatus, F. . . . . . . idem, plus rare.

Hylobius, Germ.

Abietis, F. . . . . très-nuisible aux pins et aux sapins, commun.
Pinastri, Gyll. . . . . . idem, dans les Vosges, moins commun.
fatuus, Rossi. . . . . . au pied des arbres, assez rare.

Pissodes, Germ.

Piceæ, Gyll. . . . . . . nuisible aux arbres verts, commun.
Pini, L. . . . . idem, idem.
notatus, F. . . . . nuisible aux pins et aux sapins, idem.
Gyllenhalii, Sch. . . . . idem, dans les Vosges, rare.

ERIRHINI.

Grypidius, Sch.

Equiseti, F. . . . . sur les différents *Equisetum*, commun.
brunnirostris, F. . . . . idem, aux bords du Rhin, assez rare.

Erirhinus, Sch.

bimaculatus, F. . . . . sur les plantes aquatiques ou au pied de ces plantes, [rare.
Scirpi, F. . . . . idem, sur le genre *Scirpus*, idem.
acridulus, L. . . . . . . idem, moins rare.
pilumnus, Gyll. . . . . . idem, dans les marais, très-rare.
Festucæ, Hbst. . . . . . dans les îles du Rhin, sur le *Scirpus lacustris*, très-[commun.
Nereis, Payk. . . . . . idem, rare.
scirrhosus, Gyll. . . . . idem, plus rare.

Dorytomus, Germ.

vorax, F. . . . . sur les peupliers et les saules, commun.
v. ventralis, Steph. . idem, très-commun.
macropus, Redt.
Tremulæ, Payk. . . . . sur le tremble, assez rare.
♂ vecors, Gyll.

v. ♂ variegatus, Gal. sur le tremble, assez commun.
v. ♂ tenuirostris, Bhm. idem, très-rare.
costirostris, Gyll. . . . sur les peupliers et les saules, commun.
maculatus, Marsh. . . . idem, peu rare.
Silbermanni, Wenck.. . sur les saules, peu rare. (Voir la description à la fin du volume).
Capreæ, Chevr. *in coll.*
affinis, Payk. . . . . . . au Hohenack (Robin), sur les bouleaux et les pins, très-rare.
validirostris, Gyll. . . . sur les peupliers et les saules, assez commun.
tæniatus, F. . . , . . . idem, très-commun.
flavipes, Panz.
bituberculatus, Zett. . . idem, dans les îles du Rhin, commun.
occalescens, Gyll. . . . idem, rare.
minutus, Gyll. . . . . . idem, idem.
salicinus, Gyll. . . . . . idem, très-rare.
majalis, Payk. . . . . . idem, commun.
Silbermanni, Ott, *in coll.*
infirmus, Hbst. [1]). . . . idem, idem.
nebulosus, Gyll. . . . . idem, rare.
agnatus, Bohm. . . . . idem, commun.
v. clitellarius, Bohm. idem, rare.
villosulus, Gyll. . . . . idem, peu rare.
pectoralis, Panz. . . . . idem, assez commun.
fructuum, Marsh.
punctator, Hbst.
tortrix, L. . . . . idem, rare.
filirostris, Gyll. . . . . idem, peu rare.
Richlii, Bach. . . . .
dorsalis, Hbst. . . . . . idem, dans les Vosges, assez rare.

Mecinus, Germ.

pyraster, Hbst. . . . . . en fauchant sur le *Plantago*, commun.
collaris, Germ. . . . . . idem, très-rare.
circulatus, Marsh. . . . idem, idem.
janthinus, Germ. . . . aux bords du Rhin, sur le *Linaria vulgaris*, rare.
Heydenii, Wenck. . . . à Haguenau, en fauchant, très-rare. (Voir la description à la fin du volume).

Hydronomus, Sch.

Alismatis, Marsh. . . . dans les mares desséchées, assez rare.

Bagous, Germ.

binodulus, Hbst. . . . au pied des plantes aquatiques, aux îles du Rhin, rare.
nodulosus, Gyll. . . . . idem, idem.
laticollis, Gyll. . . . . . idem, sur les bords du Rhin, assez commun.
frit, Hbst. . . . . idem, pris à Strasbourg et à Colmar, rare.
tempestivus, Hbst. . . . au pied des plantes aquatiques, idem.
lutulentus, Gyll. . . . . idem, commun.

[1]) Cette espèce est un véritable *Dorytomus* et non un *Erirhinus*, comme le prétendent les auteurs. (Wencker.)

Tanysphyrus, Germ.

Lemnæ, Payk. . . . . . sur les différentes espèces de *Lemna*, commun.

Smicronyx, Sch.

variegatus, Gyll. . . . . très-rare en Alsace.
Reichei, Gyll. . . . . . sur le *Cuscuta europæa*, très-commun.
cæcus, Reiche. . . . . . probablement sur le *Glechoma hederacea*, commun.
politus, Bohm. . . . . . sur différentes plantes, en fauchant, assez répandu.

Anoplus, Sch.

plantaris, Holm. . . . . sur le bouleau et le tremble, commun.
Roboris, Suffr. . . . . . idem, assez rare.

Brachonyx, Sch.

indigena, Hbst. . . . . à Vendenheim, au printemps, sur les jeunes pins, [commun.

APIONI.

Apion, Hbst.

Pomonæ, F. . . . . sur les *Lathyrus pratensis* et *Vicia sepium*, très-
opeticum, Bach. . . . . sur l'*Orobus tuberosus*, commun. [commun.
Craccæ, L. . . . . sur les *Vicia Cracca* et *tenuifolia*, *Lathyrus sylvestris* et *Ervum hirsutum*, idem.
Cerdo, Gerst. . . . . . sur le *Vicia Cracca*, idem.
subulatum, Kirby. . . . sur le genre *Vicia* et le *Lotus corniculatus*, assez commun.
ochropus, Germ. . . . . sur le *Lathyrus pratensis* et le *Vicia sepium*, rare.
rugicolle, Germ. . . . . sur l'*Helianthemum vulgare*, pris à Barr et à Türckheim, peu répandu.
Carduorum, Kirby. . . sur les différents *Carduus* et sur l'artichaut, com-
v. galactitis, Wenck. idem, assez rare. [mun.
Caullei, Wenck. . . . . dans les Vosges, sur le *Carlina vulgaris* et l'*Arctium Lappa*, assez commun.
Onopordii, Kirby. . . . sur l'*Onopordum Acanthium*, quelques *Rumex* et les *Cirsium*, quelquefois sur le *Centaurea nigra*, très-commun.
stolidum, Germ. . . . . sur le *Chrysanthemum Leucanthemum*, peu com-
confluens, Gyll. mun.
confluens, Kirby. . . . sur le *Matricaria Chamomilla*, assez rare.
stolidum, Gyll.
lævigatum, Kirby. . . . sur le *Filago gallica*, très-rare.
vicinum, Kirby. . . . . sur le *Thymus Serpyllum* (Demange), commun.
atomarium, Kirby. . . . idem, idem.
cineraceum, Wenck. . . probablement sur le genre *Mentha*, très-rare.
annulipes, Wenck. . . pris à Wissembourg, rare.
flavimanum, Gyll. . . . sur le *Mentha rotundifolia*, idem.
v. torquatum, Wenck. sur le genre *Mentha*.
parvulum, Muls. . . . . dans la vallée de Sainte-Marie-aux-Mines, peu rare.
serpyllicola, Wenck [1]. sur les hauteurs, vit sur le *Thymus Serpyllum*.

[1] Cette espèce a été trouvée en quantité, près de Sainte-Marie-aux-Mines, par M. Demange, de Raon-l'Étape.

Hookeri, Kirby. . . . . dans les îles du Rhin, sur le *Hieracium umbellatum* et le *Leontodon autumnalis*, assez rare ; plus répandu dans les Vosges.

Ulicis, Forst. . . . . . . sur l'*Ulex europæus*, rare.

fuscirostre, F. . . . . . sur le *Spartium scoparium*, très-commun.

Genistæ, Kirby. . . . . sur les *Genista pilosa*, *germanica* et *tinctoria*, très-commun.

semivittatum, Gyll. . . sur le *Mercurialis annua*, assez rare.
Germarii, Walton.

pallipes, Kirby. . . . . sur le *Mercurialis perennis*, peu rare.

flavo-femoratum, Hbst. sur le *Medicago sativa*, assez rare.

vernale, Fabr. . . . . . sur les *Urtica urens* et *dioica*, commun.

æneum, Fab. . . . . . . sur les *Malva sylvestris* et *rotundifolia*, les *Althæa rosea* et *chinensis*, assez commun.

radiolus, Kirby. . . . . idem, idem.
v. ferruginipes, Wenck. idem (Ott), très-rare.

Astragali, Payk. . . . . sur l'*Astragalus glycyphyllos*, assez rare.

elegantulum, Germ. . . sur les *Trifolium medium* et *pratense*, assez rare.

dispar, Germ. . . . . . sur les *Hieracium*, très-rare.

striatum, Kirby. . . . . sur le *Spartium scoparium*, l'*Ulex europæus* et le *Genista sagittalis*, commun.

immune, Kirby. . . . . sur le *Spartium scoparium*, assez rare.

pubescens, Kirby. . . . généralement sur les saules, très-commun.

simile, Kirby. . . . . . en fauchant dans la forêt de Haguenau (pris un seul individu), très-rare.

seniculum, Kirby. . . . sur toutes sortes de plantes et d'arbustes, et plus souvent sur le *Trifolium pratense*, excessivement commun.

elongatum, Germ. . . . sur le *Salvia pratensis*, très-commun.

rufirostre, Fab. . . . . sur les *Malva sylvestris* et *rotundifolia*, commun.

Viciæ, Payk. . . . . . . sur le *Vicia Cracca*, l'*Ervum hirsutum* et très-sou-
v. Griesbachii, Steph. vent sur le *Melilotus macrorhiza* et ses congénères, commun.

difforme, Ahr. . . . . . en automne, sur le *Polygonum Hydropiper*, rare.

dissimile, Germ. . . . . dans les Vosges, sur le *Trifolium arvense*, commun.

Ononidis, Gyll. . . . . . sur les *Ononis repens* et *spinosa* (Demange, Silberm.), très-rare.

variipes, Germ. . . . . généralement sur le *Trifolium pratense*, assez rare.

Fagi, L. . . . . nuisible au *Trifolium pratense*, excessivement com-
apricans, Hbst. mun.

assimile, Kirby. . . . . sur les différents trèfles, commun.

Trifolii, L. . . . . sur les trèfles et d'autres plantes, très-commun.

Linderii, Wenck. . . . unique dans ma collection (Wencker), capturé en 1853 en fauchant sur les hauteurs des environs de Saint-Hippolyte (Rhin).

flavipes, F. . . . . sur les *Trifolium repens* et *pratense*, peu rare.

nigritarse, Kirby. . . sur l'*Epipactis latifolia*, les *Trifolium procumbens*, *repens* et *fragiferum*, très-répandu.

ebeninum, Kirby. . . . sur les *Lotus major* et *corniculatus*, et sur l'*Orobus tuberosus*, assez commun.

tenue, Kirby. . . . . . . en fauchant sur les *Melilotus alba*, *officinalis*, *macrorhiza*, et sur le *Medicago sativa*, très-commun.

sulcifrons, Hbst. . . . . sur le *Statice Armeria* qu'on cultive dans les jardins, pris à Haguenau, par feu Billot, excessivement rare.

punctigerum, Payk. . . au Neuhof, en juin, juillet et août sur le *Vicia sepium* et ses congénères, très-commun.

virens, Hbst. . . . . . . sur les trèfles et d'autres plantes, excessivement commun.

platalea, Germ. . . . . dans les îles du Rhin, sur le *Vicia Cracca*, commun.
♀ validirostre, Gyll.
♂ afer, Gyll.

Gyllenhalii, Kirby. . . . dans les îles du Rhin, sur les bouleaux et le *Vicia Cracca*, assez commun.

Ervi, Kirby. . . . . . . de juin en septembre sur le *Lathyrus pratensis*, la larve sur l'*Ervum hirsutum*, commun.

Ononis, Kirby. . . . . . sur les *Ononis spinosa* et *repens*, idem.

filirostre, Kirby. . . . . dans les îles du Rhin, sur différentes plantes, en fauchant de juin en septembre, assez commun.

minimum, Hbst. . . . . partout sur les diverses espèces de saules, très-commun. La larve se nourrit dans une galle produite par un *Nematus* sur les feuilles du *Salix vitellina*.

Pisi, F. . . . . sur le *Vicia sepium*, sur l'*Hedysarum Onobrychis*, et surtout sur les trèfles, excessivement commun toute l'année.

æthiops, Hbst. . . . . . sur les arbres fruitiers et le *Vicia sepium*, souvent sur d'autres plantes, commun.

gracilicolle, Gyll. . . . . sur les arbres fruitiers, très-souvent sur les pommiers, assez rare.
leptocephalum, Aubé.

Sorbi, Hbst. . . . . . . sur l'*Anthemis arvensis*, et quelquefois sur le *Matricaria Chamomilla* et le *Tanacetum vulgare*, la ♀ est commune, le ♂ excessivement rare.
♂ Sahlbergii, Gyll. .

Meliloti, Kirby. . . . . aux bords du Rhin, à l'île des Épis, sur différents mélilots, peu rare.

angustatum, Kirby. . . sur le *Lotus corniculatus*, commun.

columbinum, Germ. . . sur le frêne, plus souvent sur le *Lathyrus sylvestris*, pris à Vendenheim, assez rare.

Spencei, Kirby. . . . . dans les îles du Rhin, sur le *Vicia Cracca*, assez commun.

vorax, Hbst. . . . . . . sur les pois, les vesces, sur différents arbres, le frêne, le sapin, le coudrier, très-commun pendant toute l'année.

pavidum, Germ. . . . . sur le *Coronilla varia*, assez commun.

Juniperi, Bohm. . . . . sur différents conifères, aux environs de Colmar (Leprieur), très-rare.

livescerum, Gyll. . . . . surtout à Vendenheim et dans les îles du Rhin, sur l'*Hedysarum Onobrychis*, très-commun.

Waltonii, Steph. . . . . probablement sur la même plante que le précédent, très-rare.

miniatum, Germ. . . . sur les différents *Rumex*, tels que *Rumex conglomeratus* et *nemorosus*, très-commun.

cruentatum, Walton. . sur les différents *Rumex*, peu commun.
frumentarium, L. . . . sur presque toute la terre, répandu avec les grains, vit aussi sur le *Teucrium Scorodonia* et le *Rumex Acetosella*, commun.
rubens, Steph. . . . . . en automne, sur le *Rumex Acetosella*, pris à Vendenheim, assez rare.
sanguineum, De Geer. . sur le *Teucrium Scorodonia* et le *Rumex Acetosella*, très-rare.
Malvæ, F. . . . . sur les *Malva sylvestris* et *rotundifolia*, commun.
Chevrolatii, Gyll. . . . sur l'*Helianthemum vulgare*, très-rare.
brevirostre, Hbst. . . . aux environs de Strasbourg, sur les *Hypericum hirsutum* et *perforatum*.
Sedi, Germ. . . . . . . sur les différents *Sedum*, surtout les *Sedum album* et *reflexum*, assez commun.
violaceum, Kirby. . . . sur les *Rumex obtusifolius*, *conglomeratus*, *nemorosus* et *crispus*, très-commun.
marchicum, Hbst. . . . en juin et juillet sur le *Spartium scoparium*, commun.
affine, Kirby. . . . . . sur le *Spartium scoparium* et différentes espèces voisines, plus rare.
humile. . . . . très-variable sous le rapport de la taille, généralement sur les *Rumex* et aussi sur d'autres plantes, très-commun.
simum, Germ. . . . . . sur l'*Hypericum perforatum* et l'*Astragalus glycyphyllos*, pris à Vendenheim, très-rare.

Apoderus, Oliv.

Coryli, L. . . . . sur le coudrier, commun.

Attelabus, L.

curculionoides, L. . . . souvent sur le chêne, rarement sur le coudrier, peu rare.

RHYNOMACERI.

Rhynchites, Hbst.

auratus, Scop. . . . . . sur le *Prunus spinosa*, assez commun.
Bacchus, L. . . . . . . très-nuisible aux pommiers, aux cerisiers et à la vigne, idem.
cœruleocephalus, Schall. nuisible aux bouleaux, assez rare.
æquatus, L. . . . . . . sur le *Mespillus Oxyacantha*, et sur différentes autres plantes, commun.
cupreus, L. . . . . . . nuisible aux jeunes fruits des pruniers, idem.
æneo-virens, Marsh. . . sur différents arbres, surtout sur le chêne, idem.
v. longirostre, Bach. idem, assez commun.
æthiops, Bach. . . . . . pris à Türckheim, par M. l'abbé Umhang, rare.
planirostris, Illig.
Alliariæ, Payk. . . . . . nuisible dans les pépinières de jeunes arbres fruitiers, commun.
conicus, Illig. . . . . . sur différents arbres fruitiers, idem.
pauxillus, Germ. . . . . sur le *Prunus Padus*, idem.
germanicus, Hbst. . . . sur différents arbres, idem.
nanus, Payk. . . . . . . nuisible aux bouleaux, idem.

Populi, L.	sur différents peupliers, commun.
Betuleti, F.	très-nuisible parfois aux vignes, attaque quelquefois l'aulne et le bouleau, très-commun. Il a ravagé, de 1860 à 1864, les vignes de Türckheim et d'Ingersheim (Kampmann).
pubescens, Hbst.	sur le chêne, assez rare.
sericeus, Hbst.	idem, rare.
ophthalmicus, Steph. .	dans les haies, commun.
tristis, F.	sur le chêne, assez rare.
megacephalus, Germ. .	sur différents arbres, surtout sur le noisetier, peu rare.
Betulæ, L.	sur les bouleaux et d'autres arbres, tels que le charme, l'aulne, commun.
cyaneus, F.	sur différents arbres, rare.

Diodyrhynchus, Germ.

austriacus, Germ. . . .	sur les sapins et les pins (Leprieur), peu commun.

Rhinomacer, Geoffr.

attelaboides, F.	sur les sapins et les pins, rare.

Nemonyx, Redt.

lepturoides, F.	en fauchant dans les champs, très-rare.

MAGDALINI.

Magdalinus, Germ.

violaceus, L.	sur les pins et les sapins en fleur, peu commun.
frontalis, Gyll.	sur les pins, commun.
duplicatus, Germ. . . .	idem, idem.
phlegmaticus, Hbst. . .	probablement sur les pins, rare.
nitidus, Gyll.	idem, très-rare.
Cerasi, L.	probablement sur les arbres fruitiers, assez rare.
memnonius, Fald. . . .	sur différents arbres, rare.
carbonarius, F.	
aterrimus, F.	sur l'*Ulmus campestris*, peu rare.
carbonarius, L.	sur les pins, la larve vit dans le canal médullaire,
atramentarius, Germ.	idem.
rufus, Germ.	sur quelques arbres fruitiers et sur le pin à Türckheim, rare.
barbicornis, Latr. . . .	probablement sur le *Prunus spinosa*, peu commun.
Pruni, L.	sur le *Prunus spinosa* et sur divers arbres fruitiers, [commun.
flavicornis, Gyll.	idem, idem.

BALANINI.

Balaninus, Germ.

Glandium, Marsh. . . .	sur le chêne et le coudrier, rare.
Nucum, L.	idem, peu rare.
turbatus, Gyll.	idem, commun.
Cerasorum, Hbst. . . .	dans les îles du Rhin, sur le *Prunus spinosa*, assez rare.
villosus, F.	sur les jeunes chênes, peu nuisible, assez commun.

rubidus, Gyll. . . . . . dans les îles du Rhin, sur les arbres, rare.
crux, F. . . . . sur les différents saules, peu nuisible, commun.
Brassicæ, G. . . . . . . idem, idem.
pyrrhoceras, Marsh. . . idem, idem.

ANTHONOMI.

Anthonomus, Germ.

Ulmi, De Geer. . . . . sur l'ormeau, commun.
pedicularius, L. . . . . nuisible aux pommiers, assez rare.
Pomorum, L. . . . . . idem, commun.
Pyri, Kollar. . . . . . . nuisible aux poiriers, idem.
incurvus, Steph. . . . . pris à Colmar, rare.
pubescens, Payk. . . . dans les Vosges, sur différents arbres, commun.
varians, Payk. . . . . . idem, sur le pin sylvestre, idem.
Rubi, Hbst. . . . . . . nuisible aux fraisiers, idem.
Druparum, L. . . . . . sur les cerisiers et les mérisiers, assez rare.

Acalyptus, Sch.

Carpini, Hbst. . . . . . dans les îles du Rhin, sur les saules, assez commun.
rufipennis, Gyll. . . . . dans les Vosges, rare.

Orchestes, Illig.

Quercus, L. . . . . . . sur le chêne, commun.
scutellaris, F. . . . . . sur les arbrisseaux, idem.
rufus, Oliv. . . . . . . souvent sur le tremble, idem.
semirufus, Gyll. . . . . pris à Remiremont, très-rare.
Alni, L. . . . . sur l'aulne, le tremble et l'ormeau, commun.
Ilicis, F. . . . . sur le chêne, idem.
Fagi, L. . . . . nuisible aux hêtres, se retrouve sur les mélèzes et les pins (Lepricur), idem.
pubescens, Stev. . . . . sur divers arbrisseaux, rare.
pratensis, Germ. . . . . sur les saules, idem.
iota, F. . . . . sur divers arbres, idem.
Loniceræ, F. . . . . . . sur le *Lonicera Xylosteum* et le *Prunus spinosa* (Robin), commun.
Populi, F. . . . . sur les peupliers, idem.
signifer, Creutz. . . . . sur les saules, idem.
Rusci, Hbst. . . . . . . sur le *Betula alba*, idem.
erythropus, Germ. . . . sur le chêne, rare.

Tachyerges, Sch.

Salicis, L. . . . . sur différents saules, commun.
rufitarsis, Germ. . . . . sur le *Salix Caprea*, idem.
decoratus, Germ. . . . sur différents saules, rare.
stigma, Germ. . . . . . idem, peu rare.
saliceti, F. . . . . idem, rare.

CORYSSOMERI.

Coryssomerus, Sch.

capucinus, Beck. . . . . à Strasbourg, derrière le Contades dans les fortifications, au pied des *Achillea Millefolium* (Capiomont), à Colmar (Leprieur), commun.

SIBYNES.

Lignyodes, Sch.

enucleator, Panz. . . . dans les îles du Rhin, sur les peupliers et les saules, [assez rare.

Elleschus, Steph.

scanicus, Payk. . . . . sur les saules et les peupliers, commun.
bipunctatus, L. . . . . idem, et sur le tremble, idem.

Tychius, Germ.

5-punctatus, L. . . . . sur les trèfles, commun.
venustus, F. . . . . . . sur les genêts, idem.
v. Genistæ, Bohm. . idem, rare.
polylineatus, Germ. . . très-rare dans toute l'Alsace.
cinnamomeus, Kiesw. . idem, idem.
suturalis, Bris.
flavicollis, Steph. . . . sur les différents *Melilotus*, commun.
tomentosus, Hbst. . . . sur plusieurs espèces de trèfles, idem.
junceus, Reichb. . . . . idem, idem.
Meliloti, Steph. . . . . idem, idem.

Pachytychius, Jeckel.

sparsutus, Oliv. . . . . sur les légumineuses, rare.

Barytychius, Jekel.

pygmæus, Bris. . . . . en fauchant sur les trèfles, peu commun.

Miccotrogus, Sch.

cuprifer, Panz. . . . . en fauchant sur les trèfles, commun.
picirostris, F. . . . . . idem, idem.
v. posticinus, Gyll.

Sibynes, Sch.

canus, Hbst. . . . . . . sur le *Lychnis dioica*, assez rare.
Viscariæ, L. . . . . . . sur le genre *Silene* et sur les *Lychnis*, commun.
Potentillæ, Germ. . . . idem, idem.
phaleratus, Stev. . . . . idem, à Strasbourg et à Haguenau, très-rare.
primitus, Hbst. . . . . . idem (Silbermann), moins rare.

CIONI.

Cionus, Clairv.

Scrofulariæ, L. . . . . . commun sur les scrofulaires et les *Verbascum*.
Verbasci, F. . . . . . . idem, idem.
Thapsus, F. . . . . . . idem, idem.
hortulanus, Marsh. . . idem, idem.
Clairvillei, Bohm. . . . pris à Haguenau, idem, rare.
olens, F. . . . . sur le *Verbascum Thapsus*, peu commun.
Blattariæ, F. . . . . . . sur les *Verbascum* et les scrofulaires, idem.
pulchellus, Hbst. . . . idem, rare.
Solani, F. . . . . sur le *Solanum Dulcamara*, commun.

Stereonychus, Suffr.

Fraxini, De Geer. . . . sur le frêne et le hêtre, rare.

Nanophyes, Sch.

Lythri, F. . . . . sur les plantes aquatiques, surtout le *Lythrum Salicaria*, très-commun.

APOSTASIMERI.

Baridius, Sch.

Artemisiæ, Hbst. . . . sur les différentes espèces d'*Artemisia*, commun.
picinus, Germ. . . . . . dans le colza (Lereboullet), attaque aussi les choux, idem.
cuprirostris, F. . . . . . sur les choux et d'autres crucifères, rare.
Chloris, F. . . . . nuisible au colza, commun.
cœrulescens, Scop. . . sur les choux et les crucifères en général, commun.
chlorizans, Germ. . . . nuisible aux choux, idem.
Lepidii, Germ. . . . . . idem, idem.
Abrotani, Germ. . . . . sur les différentes espèces de réséda, idem.
T-album, L. . . . . . . sur les plantes aquatiques, idem.
morio, Bohm. . . . . . sur les résédas, rare.

Cryptorhynchus, Illig.

Lapathi, L. . . . . . . sur les saules, les peupliers et l'aulne, assez commun.

Gasterocercus, Cast.

depressirostris, F. . . . sur le hêtre, dans les chantiers et les magasins de bois à brûler, très-rare.

Cœliodes, Sch.

Quercus, F. . . . . . . sur le chêne, commun.
ruber, Marsh. . . . . . idem, assez rare.
Epilobii, Payk. . . . . . à Haguenau, sur le genre *Epilobium*, rare.
guttula, F. . . . . pris à Colmar par M. Kampmann, rare.
fuliginosus, Marsh. . . sur le genre *Urtica*, commun.
subrufus, Hbst. . . . . sur le chêne, peu rare.
4-maculatus, L. . . . . sur les différentes espèces d'orties, très-commun.
didymus, F.
Lamii, Hbst. . . . . . . sur différentes plantes et sur les *Lamium*, très-rare.
Geranii, Payk. . . . . . sur le genre *Geranium*, peu rare.
exiguus, Oliv. . . . . . sur le *Mercurialis perennis*, commun.
congener, Fœrst. . . . sur l'*Hydrocharis* (Robin), rare.

Mononychus, Germ.

Pseud-Acori, F. . . . . sur l'*Iris Pseud-Acorus* et plus souvent sur les *Lamium album* et *purpureum*, commun.
Salviæ, Germ. . . . . . idem, rare.

Acalles, Sch.

pyrenæus, Bohm. . . . M. le docteur Puton en a pris un seul individu à Remiremont. [rare.
Aubei, Bohm. . . . . . au pied des arbres et dans les fagots (Vosges, Silberm.),

abstersus, Bohm. . . . au pied des arbres et dans les fagots, assez rare.
Navieresii, Bohm. . . . idem, dans les Vosges (Caulle), idem.
ptinoides, Marsh. . . . idem, très-commun.
turbatus, Bohm. . . . . idem, assez rare.
misellus, Bohm. . . . . idem, à Haguenau et dans la forêt dite *Neuland* dans [les Vosges.
parvulus, Bohm. . . . . idem, idem.
sulcatus, Bohm. . . . . idem, idem.

Scleropterus, Sch.

Rhytidosomus, Sch.

globulus, Hbst. . . . . sur le tremble, commun.

Ramphus, Clairv.

flavicornis, Clairv. . . . généralement sur les saules, très-commun.

Orobitis, Germ.

cyaneus, L. . . . . . . sur le genre *Viola*, dans la forêt du Neuhof et dans les Vosges, peu commun.

Amalus, Sch.

scortillum, Hbst. . . . . en fauchant dans les treflières, commun.

Ceutorhynchus, Germ.

Ceutorhynchidius, Duval.

horridus, F. . . . . . . sur le genre *Carduus*, rare.
troglodytes, F. . . . . . sur le genre *Urtica*, très-commun.
apicalis, Gyll. . . . . . en fauchant sur les digues du Rhin, assez commun.
nigrinus, Marsh. . . . . idem, rare.
depressicollis, Gyll.
melanarius, Steph. . . . idem, idem.
♂ convexicollis, Bohm.
floralis, Payk. . . . . . idem, pris à Katzenthal sur l'*Epilobium montanum*, par M. Kampmann, très-rare.
pulvinatus, Gyll. . . . . idem, idem.
pumilio, Gyll. . . . . . idem, idem.

In Specie.

albo-vittatus, Germ. . . sur les *Papaver somniferum* et *Rhœas*, nuisible, assez [rare.
macula-alba, Hbst. . . idem, rare.
suturalis, F. . . . . . . en fauchant, idem.
albo-scutellatus, Gyll. . idem dans la forêt de Vendenheim, rare.
v. consputus, Germ.
assimilis, Payk. . . . . sur le *Brassica Napus* (var. *oleifera*), très-commun.
syrites, Germ. . . . . . en fauchant, assez rare.
atratulus, Gyll. . . . . . idem, commun.
austerus, Gyll.
Cochleariæ, Gyll.
Erysimi, F. . . . . sur le genre *Erysimum* et sur le *Cardamine amara*, [idem.
chalybæus, Germ. . . . idem, peu rare.
cærulescens, Gyll.
cyanopterus, Redt. . . . sur l'*Erysimum Barbarea* (Leprieur), rare.
ignitus, Germ.

cyanipennis, Germ. . . probablement sur le genre *Erysimum*, rare.
contractus, Marsh. . . . en fauchant sur les crucifères, commun.
setosus, Bohm.. . . . . idem, dans les Vosges, rare.
constrictus, Marsh. . . idem, assez rare.
Ericæ, Gyll. . . . . . . à Vendenheim sur les bruyères, assez commun.
nanus, Gyll. . . . . . . sur les *Lepidium*, en fauchant, commun.
Echii, F. . . . . sur l'*Echium vulgare*, idem.
viduatus, Gyll. . . . . . en fauchant sur les plantes marécageuses à Vendenheim, assez rare.
Raphani, F. . . . . . . sur les *Lamium album* et *purpureum*, dans l'île des Épis près de Strasbourg, commun.
abbreviatulus, F. . . . idem, idem.
rusticus, Gyll. . . . . . en fauchant près de Colmar, rare.
Andreæ, Germ. . . . . sur le genre *Carduus*, idem.
crucifer, Oliv. . . . . . sur les genres *Verbascum*, *Antirrhinum* etc., idem.
litura, F.. . . . . sur les chardons dans la forêt de Haguenau. idem.
trimaculatus, F. . . . . idem, très-rare.
albo-signatus, Gyll. . . en fauchant dans les îles du Rhin, idem.
Asperifoliarum, Gyll. . dans la forêt de Vendenheim, en fauchant sur les *Anchusa*, *Cynoglossum* etc., peu rare.
Chrysanthemi, Germ. . sur le genre *Chrysanthemum*, commun.
arcuatus, Hbst. . . . . idem, très-rare.
occultus, Gyll.
versicolor, Ch. Bris. . . en fauchant à Vendenheim, très-rare. (Nouvelle espèce encore inédite, voir à la fin de ce volume.)
Euphorbiæ, Ch. Bris. . sur le genre *Euphorbia*, à Vendenheim, idem.
rugulosus, Hbst. . . . . en fauchant, dans les Vosges, rare.
v. gallicus, Gyll.
quadridens, Panz. . . . en fauchant, commun.
marginatus, Gyll. . . . sur le trèfle, assez commun.
punctiger, Gyll. . . . . idem, à l'île des Épis, très-commun.
denticulatus, Schrk. . . idem, plus rare.
picitarsis, Gyll.. . . . . idem, à l'île des Épis, rare.
fæculentus, Gyll.. . . . M. Puton en a pris un seul individu à Remiremont.
pollinarius, Fœrst.. . . sur le genre *Urtica*, assez rare.
sulcicollis, Gyll. . . . . sur le genre *Brassica*, très-commun.
Rapæ, Gyll. . . . . . . idem, idem.
Napi, Germ. . . . . . . idem, idem.
scapularis, Gyll. . . . . en fauchant, dans la forêt de Vendenheim, très-rare.
obscuro-cyaneus, Gyll. idem, rare.
pubicollis, Gyll. . . . . en fauchant sur les glacis hors la porte Nationale à Strasbourg (Wencker), excessivement rare.

Phytobius, Sch.

velatus, Beck. . . . . . au pied des plantes aquatiques et dans l'eau même, sur le *Myriophyllum* et l'*Hydrocharis* (Robin), rare.
leucogaster, Marsh. . . sur les plantes aquatiques, aux bords de l'eau, commun.
granatus, Gyll. . . . . . idem, idem.
velaris, Gyll. . . . . . . idem, rare.

notula, Germ. . . . . . sur les plantes aquatiques, aux bords de l'eau, com-
4-nodosus, Gyll. . . . . idem, rare. [mun.
Comari, Hbst. . . . . . idem, commun.
4-tuberculatus, F. . . . sur les plantes aquatiques à Vendenheim, très-com-
canaliculatus, Fabr. . . idem, rare. [mun.
quadricornis, Gyll. . . . idem, commun.

Rhinoncus, Sch.

topiarius, Germ. . . . . au pied des plantes, à Vendenheim, rare.
Castor, F. . . . . idem, idem.
bruchoides, Hbst. . . . sur le *Chærophyllum hirsutum*, commun.
inconspectus, Hbst. . . sur le *Polygonum amphibium*, idem.
pericarpius, F. . . . . . sur le *Chærophyllum hirsutum* et sur les saules, idem.
guttalis, Grav. . . . . . sur les *Sisymbrium Nasturtium* et *amphibium*, assez [rare.

Poophagus, Sch.

Sisymbrii, F. . . . . . . sur le *Lisymachia vulgaris*, rare.

Tapinotus, Sch.

sellatus, F. . . . . sur le *Lisymachia vulgaris*, à l'Orangerie de Strasbourg, le long du canal, rare.

Gymnetron, Sch.

pascuorum, Gyll. . . . probablement sur les *Veronica*, assez rare.
villosulus, Gyll. . . . . sur le *Veronica Beccabunga* (Tries), assez rare.
Beccabungæ, L. . . . . idem, commun.
v. Veronicæ, Germ. . idem, idem.
labilis, Hbst. . . . . . . sur le *Plantago lanceolata*, rare.
stimulosus, Germ. . . . en fauchant aux bords du Rhin, idem.
rostellum, Hbst. . . . . idem près de Haguenau, très-rare.

Rhinusa, Kirby.

asellus, Grav. . . . . . sur le genre *Verbascum*, commun.
thapsicola, Germ. . . . un individu a été pris à Remiremont.
netus, Germ. . . . . . sur le *Linaria vulgaris*, idem.
spilotus, Germ. . . . . sur les scrofulaires, assez rare.
collinus, Gyll. . . . . . sur le *Linaria vulgaris*, commun.
Linariæ, Panz.. . . . . idem, idem.
teter, F. . . . . sur le genre *Verbascum*, rare.
Antirrhini, Germ. . . . sur l'*Antirrhinum majus*, commun.
noctis, Hbst. . . . . . . dans les Vosges sur le genre *Antirrhinum*, idem.

Miarus, Steph.

graminis, Gyll. . . . . en fauchant sur l'oseille dans les Vosges, commun.
Campanulæ, L. . . . . sur le *Campanula rotundifolia*, idem.
plantarum, Germ. . . . en fauchant, idem.

CALANDRÆ.

Sphenophorus, Sch.

abbreviatus, F. . . . . sous les pierres et le long des sentiers, peu rare.
mutilatus, Laich. . . . idem, commun.

Sitophilus, Sch.

granarius, L. . . . . . dans les greniers à blé, très-commun.
Oryzæ, L. . . . . dans le riz chez les épiciers, idem.

COSSONI.

Cossonus, Clairv.

linearis, F. . . . . dans les vieux troncs de saules ou de peupliers, assez commun.
ferrugineus, Clairv. . . idem, rare
cylindricus, Sahlb. . . . idem, commun.

Phlœophagus, Sch.

spadix, Hbst. . . . . . dans le vieux bois, très-rare.

Cotaster, Motsch.

cuneipennis, Aubé. . . deux individus ont été pris par M. Puton, à Remiremont, excessivement rare.

Rhyncolus, Creutz.

cylindricus, Sch.. . . . sous les écorces ou dans le bois mort, rare.
chloropus, F. . . . . . pris à Haguenau par M. Goubert et à Liézey par M. l'abbé Jacquel, idem.
cylindrirostris, Oliv. . . sous les écorces et dans le bois mort, rare.
truncorum, Gyll. . . . idem, idem.
porcatus, Müll. . . . . idem, idem.
culinaris, Reichb. . . . pris à Remiremont par M. Puton, très-rare.

DRYOPHTHORI.

Dryophthorus, Schüppel.

lymexylon, F. . . . . . à Vendenheim et dans les Vosges, dans les chênes cariés et sous l'écorce du pin, rare.

XYLOPHAGI.

Hylastes, Er.

ater, Payk. . . . . dans le bois de pin et de sapin, commun.
cunicularius, Er. . . . sur les conifères dans les Vosges, assez rare.
linearis, Er. . . . . . . idem, très-rare.
attenuatus, Er.. . . . . idem dans les Vosges, rare.
angustatus, Hbst. . . . sous l'écorce des pins, idem.
opacus, Er. . . . . . . idem, rare.
decumanus, Er. . . . . pris à Türckheim.
palliatus, Gyll. . . . . . dans l'épicéa, commun.
Trifolii, Müll. . . . . . dans les racines du *Trifolium pratense*, idem.

Hylurgus, Latr.

ligniperda, F. . . . . . sous l'écorce des pins, assez rare.
piniperda, F. . . . . . idem, idem.
minor, Hartig. . . . . . sur le *Pinus uncinata* (Hautes-Vosges), rare.

Dendroctonus, Er.

micans, Kugel. . . . . . sous l'écorce de l'épicéa dans les Vosges, rare.
Juniperi, Nordl. . . . . sur les mélèzes, rare.

Phlœophthorus, Wollast.

tarsalis, Fœrst. . . . . dans les racines du *Spartium scoparium*, rare.
Spartii, Nordl.

Hylesinus, F.

oleiperda, F. . . . . . dans plusieurs essences de bois, rare.
Fraxini, F. . . . . dans le frêne, peu rare.
vittatus, F. . . . . idem, très-commun.

Polygraphus, Er.

pubescens, F. . . . . . sous l'écorce de l'épicéa dans les Vosges, rare.

Scolytus, Geoffr.

Ratzeburgii, Janson. . . sur le frêne et le bouleau, commun.
destructor, Ratzb.
destructor, Oliv. . . . . dans les *Ulmus montana* et *campestris*, idem.
scolytus, F.
pygmæus, Hbst. . . . . sur différents arbres, idem.
intricatus, Ratzb. . . . sur le chêne et le hêtre, idem.
pygmæus, Gyll.
multistriatus, Marsh. . sur différentes essences, idem.
Pruni, Ratzb. . . . . . idem, rare.
rugulosus, Ratzb. . . . pris à Haguenau, idem.

Xyloterus, Er.

domesticus, L. . . . . . sur le hêtre, le tilleul, le charme, l'érable etc., commun.
lineatus, Oliv. . . . . . sur les conifères, plus rare.

Crypturgus, Er.

cinereus, Hbst. . . . . sous l'écorce des sapins et des pins, rare.
pusillus, Gyll. . . . . . idem, commun.

Cryphalus, Er.

Tiliæ, F. . . . . sous l'écorce des tilleuls et des hêtres en grand nombre, rare.
Fagi, F. . . . . sur le hêtre, assez rare.
Piceæ, Ratzb. . . . . . sous l'écorce des conifères, commun.
asperatus, Gyll. . . . . idem, rare.
granulatus, Ratzb. . . . idem, dans les Vosges, très-rare.

Bostrichus, F.

typographus, L. . . . . sous l'écorce des épicéas dans les Vosges, commun.
stenographus, Duft. . . souvent sous l'écorce des pins, rarement sur le sapin, idem.
Laricis, F. . . . . sur les conifères, idem.
v. suturalis, Gyll. . . idem, assez rare.
acuminatus, Gyll. . . . dans les Hautes-Vosges sur les pins, rare.
bispinus, Ratzb. . . . . dans la tige du *Clematis Vitalba*, rare.
micrographus, Gyll. . . dans les Vosges sur les pins et sur l'*Abies pectinata*, rare.
Lichtensteinii, Ratzb. . sous l'écorce des conifères, rare.

curvidens, Germ. . . . sous l'écorce des conifères, commun.
♀ *spilotus*, Germ. . . idem, idem.
chalcographus, L. . . . idem et sur le cerisier, idem.
bidens, F. . . . . sur les sapins, assez rare.
autographus, Ratzb. . . dans l'écorce du chêne et du châtaignier, assez commun (à Gerardmer dans l'*Abies excelsa*).
cryptographus, Ratzb. . dans les branches mortes du *Populus nigra*, assez rare.
dactyliperda, F. . . . . quelquefois dans le noyeau des dattes, rare.
villosus, F. . . . . . . dans l'écorce du chêne, commun.
bicolor. Hbst. . . . . . à Haguenau, dans de vieux hêtres, rare.
dispar, F. . . . . attaque tous les bois, assez rare (à Haguenau dans le platane, Wencker).
monographus, F. . . . sur le chêne, rarement sur le hêtre, les ♂ sont dans la proportion de 1 à 76, commun.
dryographus, Er. . . . sur le chêne, assez rare.
Saxesenii, Ratzb.. . . . attaque toutes les essences, les ♂ sont dans la proportion de 1 à 27, idem.
Kaltenbachii, Bach. . . attaque la tige des *Teucrium Scorodonia*, *Origanum vulgare*, *Lamium album* et *Betonica officinalis*, idem.

Platypus, Hbst.

cylindrus, F. . . . . . à Vendenheim et dans les Vosges, sur les vieux troncs de chêne et de hêtre, assez rare.

CERAMBYCINÆ.

PRIONI.

Spondylis, F.

buprestoides, L. . . . . sur les conifères, commun.

Prionus, Geoffr.

coriarius, L. . . . . . . à Haguenau et dans les Vosges, sur le chêne et les conifères, rare.

Ergates, Serv.

faber, L. . . . . à Haguenau sur les conifères, assez rare.

Ægosoma, Serv.

scabricorne, F. . . . . à partir du 15 juillet, vers 8 ou 9 heures du soir, sur les vieux troncs de tilleuls de la promenade Lenôtre, à la Robertsau, près de Strasbourg, commun.

CERAMBYCES.

Cerambyx, L.

cerdo, L. . . . . dans les forêts de chêne, commun.
heros, F.
Scopolii, Laich. . . . . sur les fleurs du *Sambucus nigra*, idem.
cerdo, Scop. [Umbang.
miles, Bon. . . . . . . un individu a été pris à Türckheim par M. l'abbé

Purpuricenus, Serv.

Kœhleri, L. . . . . . . sur les saules près de Dorlisheim, de Schlestadt etc., [assez commun.

Rosalia, Serv.

alpina, L. . . . . un individu a été pris dans les Hautes-Vosges, par M. Mougeot, il y a vingt ans.

Aromia, Serv.

moschata, L. . . . . . sur les saules, très-commun.

CALLIDIA.

Callidium, F.

Rhopalopus, Muls.

hungaricum, F. . . . . sur les sapins, à la Schlucht (Vosges), très-rare.
insubricum, Germ.
clavipes, F. . . . . . . sur les saules, assez rare.
femoratum, L. . . . . . peut-être sur le saule, commun.

Callidium, Muls.

violaceum, L. . . . . . dans les Hautes-Vosges sur les conifères, commun.
dilatatum, Payk . . . . dans les Vosges sur les sapins, très-rare.
sanguineum, L. . . . . sur le chêne, très-commun.
unifasciatum, F. . . . . sur les échalas de chêne, assez rare.
Alni, L. . . . . sur le chêne, rare.
rufipes, F. . . . . sur le *Prunus spinosa*, rare.

Phymatodes, F.

variabilis, L. . . . . . . la larve vit dans le chêne, très-commun
v. fennicus, L. . . . . idem, idem.
v. præustus, F. . . . idem, idem.
v. testaceus, L. . . . idem, idem.

Hylotrupes, Serv.

bajulus, L. . . . . . . très-commun partout. Il a été répandu par le commerce des bois dans toutes les parties du monde.

Tetropium, Kirby.

luridum, L. . . . . . . sur les conifères et le chêne, assez commun.
v. aulicum, F. . . . . idem, idem.
v. fulcratum, F. . . . idem, assez rare.

Asemum, Esch.

striatum, L. . . . . . . sur les conifères, en juin et juillet, commun.
v. agreste, F. . . . . idem, assez rare.

Criocephalus, Muls.

rusticus, L. . . . . . . sur les conifères, assez rare.

CLYTI.

Clytus, F.

detritus, L. . . . . . . sur le chêne, commun.
arcuatus, L. . . . . . . idem, idem.
floralis, Pall. . . . . . . sur les fleurs en ombelles, rare.
liciatus, L. . . . . sur le hêtre et le peuplier, assez rare.
tropicus, Panz. . . . . sur les fleurs en ombelles, idem.
arvicola, Oliv. . . . . . idem, idem.
Arietis, L. . . . . idem, commun.
Antilope, Illig. . . . . . idem, rare.
Rhamni, Germ. . . . . idem, commun dans les Vosges.
Verbasci, L. . . . . . . sur les fleurs en ombelles, rare.
ornatus, F.
Herbstii, Brahm. . . . . idem, idem.
Verbasci, F.
4-punctatus, F. . . . . idem (environs de Colmar), assez rare.
massiliensis, L. . . . . idem, très-commun.
plebejus, F. . . . . . . idem, dans les Vosges, moins commun.

Anaglyptus, Muls.

mysticus, L. . . . . . . sur les fleurs en ombelles, assez rare.

Obrium, Latr.

cantharinum, L. . . . . sur le tremble, assez rare.
brunneum, F. . . . . . idem, peu rare.

Gracilia, Serv.

pygmaea, F. . . . . . . sur le saule et le bouleau morts, très-commun.

MOLORCHI.

Necydalis, F.

abbreviatus, Panz. . . . sur le chêne, le hêtre et le frêne, très-rare.
major, Muls.
major, L. . . . . sur les vieux saules et les peupliers, assez rare.
Salicis, Muls.

Molorchus, Muls.

minor, L. . . . . sur les sapins, commun.
Umbellatarum, L. . . . sur les fleurs en ombelles, commun.

Stenopterus, Oliv.

rufus, L. . . . . sur les fleurs, très-commun.

LAMIÆ.

Dorcadion, Dalman.

fuliginator, L. . . . . . sous les pierres (à Barr et dans les Vosges), commun.
mendax, Muls. . . . . . pris par M. Leprieur près d'Artzenheim, rare.

Lamia, F.

textor, L. . . . . sur les vieux troncs de saule, commun.

Monohammus, Serv.

sartor, F. . . . . sur les conifères dans les Hautes-Vosges, commun.
sutor, L. . . . . idem, idem.
galloprovincialis, Oliv. . . dans les chantiers de bois à Haguenau, assez rare.

Astynomus, Redt.

ædilis, L. . . . . sur les pins coupés, commun.
atomarius, F. . . . . . idem, à Barr et dans les Vosges, idem.

Leiopus, Serv.

nebulosus, L. . . . . . la larve vit dans le chêne, les saules et les sapins, [assez rare.

Exocentrus, Muls.

lusitanicus, L. . . . . . la larve vit dans les bois blancs (pris à Barr par
baltcatus, F. M. Blind), assez rare.
adspersus, Muls. . . . . pris à Remiremont, rare.

Pogonocherus, Latr.

ovatus, Fourcr. . . . . la larve vit dans le sapin, assez commun dans les
ovalis, Gmel. Vosges.
fasciculatus, De Geer. . idem, idem.
fascicularis, Panz.
hispidus, L. . . . . idem, idem.
dentatus, Fourcr. . . . la larve vit dans le houx (Puton), pris aux environs
pilosus, F. de Mulhouse par M. Oscar Kœchlin, pas commun.

SAPERDÆ.

Mesosa, Serv.

curculionoides, L. . . . sur le peuplier, le chêne et le cerisier, assez rare.
nubila, Oliv. . . . . sur le saule, le hêtre et le sapin, assez commun.
nebulosa, F.

Anæsthetis, Muls.

testacea, F. . . . . sur le chêne, le saule, le bouleau etc., assez rare.

Agapanthia, Serv.

angusticollis, Gyll. . . . sur le genre *Rubus*, assez rare.
violacea, Frœhl. . . . . pris à Gérardmer par M. l'abbé Jacquel, rare.

Calamobius, Guérin.

gracilis, Creutz. . . . . en fauchant sur les orties aux bords du grand Rhin,
marginellus, F. [rare.

Saperda, F.

Anærea, Muls.

carcharias, L. . . . . . sur le peuplier, commun.
phoca, Frœhl. . . . . . pris près de la Schlucht (Vosges) par M. Blind père, et à Türckheim par M. Umhang, très-rare.
Tremulæ, F. . . . . sur le *Populus Tremula*, commun.
perforata, Pall. . . . . pris deux individus à Haguenau sur un peuplier
Seydlii, Frœhl. (Billot et Wencker), excessivement rare.
scalaris, L. . . . . la larve vit dans le bouleau et le cerisier, assez rare, plus commun dans les Vosges.

Compsidia, Muls.

populnea, L. . . . . . . sur les bois blancs, assez commun.

Polyopsa, Muls.

præusta, L. . . . . . . sur le chêne et le poirier, rare.

Stenostola, Redt.

ferrea, Schrank. . . . . sur le tilleul, assez rare.
nigripes, F.
♀ *Tiliæ*, Küst.

Oberea, Muls.

oculata, L. . . . . sur les saules, commun.
pupillata, Gyll. . . . . sur le *Lonicera Caprifolium*, idem.
linearis, L. . . . . . . sur le *Corylus Avellana*, rare.
v. limbata, Muls. . . idem, assez rare.
erythrocephala, F. . . sur l'*Euphorbia Cyparissias*, assez commun.

Phytœcia, Muls.

virgula, Charp. . . . . sur plusieurs espèces de bois, rare.
punctum, Ménétr.
ephippium, F. . . . . . la larve vit dans le *Pastinaca sativa*, rare.
cylindrica, L. . . . . . sur les euphorbes, commun.
nigricornis, F. . . . . . sur le *Tanacetum vulgare*, rare.

Opsilia, Muls.

virescens, F. . . . . . . sur l'*Echium vulgare*, assez commun.
molybdæna, Sch. . . . idem, assez rare.

LEPTURÆ.

Rhamnusium, Latr.

Salicis, F. . . . . sur les vieux troncs de saules, commun.
v. glaucopterum, Schall. idem, rare.

Rhagium, F.

mordax, F. . . . . la larve vit dans le chêne, le sapin, le pin etc., [commun.
inquisitor, L. . . . . . . idem, dans le chêne, le hêtre, le bouleau et le [sapin, idem.
indagator, L. . . . . . idem, dans les conifères, idem.
bifasciatum, F. . . . . idem, dans toutes les essences, idem.

Toxotus, Serv.

cursor, L. . . . . sur différentes espèces d'arbres, commun.
meridianus, L. . . . . idem, idem.
Quercus, Gœz. . . . . . sur le chêne et sur le pin, pris à Strasbourg par
♂ humeralis, F. M. Ott; par M. Goubert, au vol, dans la forêt d'Ill-
♀ dispar, Panz. kirch, et à Türckheim par M. l'abbé Umhaug, [très-rare.

Pachyta, Serv.

4-maculata, L. . . . . . sur les fleurs, très-commun.
interrogationis, L. . . . idem, rare.

clathrata, F. . . . . sur les fleurs du sureau, rare.
virginea, L. . . . . . . idem, commun.
collaris, L. . . . . idem, très-rare.
cerambyciformis, Schrk. idem, rare.
8-maculata, F.

Strangalia, Serv.

aurulenta, F. . . . . . sur diverses fleurs et sur le sureau, très-rare.
4-fasciata, L. . . . . . idem, assez rare.
maculata, Poda. . . . . idem, commun.
armata, Hbst.
arcuata, Panz. . . . . . sur les fleurs près de Türckheim (Umhang), rare.
annularis, F.
attenuata, L. . . . . . idem, très-commun.
revestita, L. . . . . . . idem, assez rare.
villica, F.
pubescens, F. . . . . . idem (Silbermann), rare.
atra, F. . . . . idem, commun.
nigra, L. . . . . idem, très-commun.
bifasciata, Muls. . . . . idem, idem.
cruciata, Oliv.
melanura, L. . . . . . idem, idem.

Leptura, L.

testacea, L. . . . . . . sur les fleurs en ombelles, la larve vit dans les souches de pins, très-commun.
scutellata, F. . . . . sur les haies, la larve vit dans le hêtre, assez rare.
hastata, F. . . . . idem, dans les Vosges, rare.
fulva, De Geer. . . . . sur les fleurs, commun.
tomentosa, F.
cincta, F. . . . . idem, dans les Vosges, assez rare.
sanguinolenta, L. . . . idem, idem.
maculicornis, De Geer.. idem, commun.
livida, F. . . . . idem, très-commun.

Anoplodera, Muls.

sexguttata, F. . . . . . sur les fleurs, surtout sur le sureau, rare.
rufipes, Schall.. . . . . idem, idem.
lurida, F. . . . . idem, idem.

Cortodera, Muls.

spinosula, Muls. . . . . à Haguenau, sur les haies, très-rare.
4-guttata, F. . . . . . . sur les pins, près de Colmar (Leprieur), rare.

Grammoptera, Serv.

lævis, F. . . . . sur les fleurs en ombelles, commun.
analis, Panz.. . . . . . idem, rare.
ruficornis, F. . . . . . idem, commun.
præusta, F. . . . . . . idem, idem.

CHRYSOMELINÆ.

SAGRÆ.

Orsodacna, Latr.

Cerasi, F. . . . . sur les fleurs du cerisier dans les Vosges, assez rare.
nigricollis, Oliv. . . . . sur les plantes marécageuses, très-rare.
v. Mespili, Lacd. . . idem, idem.

DONACIÆ.

Donacia, F.

crassipes, F. . . . . . . sur *Nymphæa alba*, *Typha latifolia* et *lutea*, assez rare.
bidens, Oliv. . . . . . . sur *Potamogeton natans*, *Sagittaria* et *Typha*, en
cincta, Germ. juillet et août, rare.
dentata, Hope. . . . . . sur *Sagittaria*, idem.
tomentosa, Ahr. . . . . dans les Vosges (Puton), rare.
reticulata, Gyll. . . . . sur toutes sortes de plantes aquatiques, idem.
dentipes, F. . . . . . . idem, assez commun.
Lemnæ, F. . . . . idem, commun.
Sagittariæ, F. . . . . . idem, idem.
obscura, Gyll. . . . . . idem, pris au lac de Lispach par M. Leprieur, rare.
brevicornis, Aubé. . . . pris à Remiremont par M. Puton, rare.
impressa, Payk. . . . . sur toutes sortes de plantes aquatiques, très-commun.
Menyanthidis, F. . . . sur *Arundo Phragmites* et *Phalaris arundinacea*, commun.
linearis, Hope. . . . . sur le *Poa aquatica* et le genre *Carex*, idem.
Typhæ, Brahm. . . . . sur diverses plantes aquatiques, commun.
simplex, F. . . . . . . sur *Arundo*, *Sparganium* et les *Carex*, commun.
semicuprea, Panz.
Hydrocharidis, F. . . . sur les *Typha latifolia*, *Sparganium* et *Arundo Phragmites*, idem.
Sparganii, Ahr. . . . . dans les Vosges (Puton), rare.
nigra, F. . . . . sur *Arundo Phragmites*, *Carex riparia*, *acuta* et *cæspitosa*, rare.
discolor, Hope. . . . . . sur *Caltha palustris*, commun.
affinis, Kunze. . . . . . idem, idem.
sericea, L. . . . . à partir du mois de mai, sur les plantes aquatiques, idem.
v. violacea, Hope. . . idem, assez rare.
v. micans, Panz. . . idem, assez commun.
Comari, Suffr. . . . . . pris, en juin, au lac de Lispach, près de Gérardmer, rare.

Hæmonia, Latr.

Equiseti, F. . . . . . . sous l'eau, sur le *Potamogeton lucens*, dans l'Ill, à la Montagne-Verte près de Strasbourg, commun en juillet.

CRIOCERI.

Zeugophora, Kunze.

scutellaris, Suffr. . . . sur le peuplier et le tremble, très-rare.
frontalis, Suffr. . . . . idem, idem.

subspinosa, F. . . . . . sur le peuplier et le tremble, assez répandu.
flavicollis, Marsh. . . . idem et sur le noisetier, rare.

Lema, F.

puncticollis, Curt. . . . en fauchant sur les prés, rare.
rugicollis, Suffr.
cyanella, L. . . . . . . idem, dans les Vosges, commun.
Erichsonii, Suffr.. . . . idem, moins commun.
melanopa, L. . . . . . idem, très-commun.

Crioceris, Geoffr.

merdigera, L. . . . . . sur le genre *Lilium*, très-commun.
brunnea, F. . . . . . . sur les *Convallaria* et *Lilium Martagon*, assez rare.
12-punctata, L. . . . . sur l'*Asparagus officinalis*, commun.
v. dodecastigma, Suffr. idem, rare.
Asparagi, L. . . . . . . idem, très-commun.

CLYTHRÆ.

Clythra, Laïch.

Labidostomis, Lacord.

cyanicornis, Germ. . . dans les Vosges, rare.
tridentata, L. . . . . . sur le *Quercus pedunculata*, assez rare.
humeralis, Panz. . . . sur différents arbrisseaux, idem.
longimana, L. . . . . . en fauchant dans les prés, commun.

Lachnœa, Lacd.

? longipes. F. . . . . . à Bitche (Gaubil), rare.

In Specie.

4-punctata, L. . . . . . sur le chêne et le saule, commun.
v. 4-signata, Mærk.
læviuscula, Ratzb. . . . idem, commun.

Gynandrophthalma, Lacd.

cyanea, F. . . . . sur les *Polygonum*, commun.
flavicollis, Charp. . . . idem au Neuhof, pris en quantité en 1848 au Hoheneck, sur le *Polygonum Bistorta* par M. Mathieu.
affinis, Illig. . . . . . . sur le *Corylus Avellana*, rare.
aurita, L. . . . . idem, assez rare.

Chilotoma, Dej.

bucephala, F. . . . . . sur l'*Anthyllis Vulneraria*, rare.

Coptocephala, Redt.

scopolina, F.. . . . . . sur les *Hypericum*, assez commun.
v. tetradyma, Küst.
4-maculata, L.. . . . . idem, très-rare.
v. femoralis, Küst.

Lamprosoma, Kirby.

concolor, Sturm. . . . en fauchant dans les forêts, très-rare.

EUMOLPI.

Chrysochus, Redt.

pretiosus, F. . . . . . . dans les Vosges, sur différentes plantes, surtout sur le *Cynanchum vincetoxicum*, commun.

Bromius, Redt.

obscurus, L. . . . . . . sur *Epilobium angustifolium*, commun.
Vitis, F. . . . . sur la vigne et le *Sambucus racemosa*, idem.

Pachnephorus, Redt.

arenarius, F. . . . . . dans l'herbe aux bords du Rhin, très-commun.

CRYPTOCEPHALI.

Cryptocephalus, Geoffr.

imperialis, F. . . . . pris à Türckheim, rare.
Coryli, L. . . . . sur le coudrier, le saule et l'aulne, assez rare.
cordiger, L. . . . . . . idem, rare.
variegatus, F. . . . . . idem, idem.
variabilis, Schn. . . . . sur les saules dans les Vosges.
6-punctatus, L. . . . . sur le chêne et les saules, idem.
interruptus, Suffr. . . . sur les saules dans les îles du Rhin, idem.
violaceus, F. . . . . . . sur le *Cratægus Oxyacantha*, assez commun.
virens, Suffr.. . . . . . sur différents arbres, rare.
aureolus, Suffr. . . . . sur les fleurs, en Alsace et dans les Vosges, commun.
hypochæridis, L.. . . . idem, commun.
Pini, L. . . . . sur les jeunes pins, idem.
v. Abietis, Suffr.. . . idem, assez rare.
nitens, L. . . . . sur le coudrier et le bouleau, assez rare.
nitidulus, Gyll. . . . . à Epinal (Berher).
marginellus, Oliv. . . . sur divers arbrisseaux, assez commun.
Moræi, L. . . . . sur le genre *Hypericum*, sur *Galium verum* et sur *Spartium scoparium*, commun.
flavipes, F. . . . . . . sur le bouleau, les saules, l'aulne etc., très-commun.
10-punctatus, L. . . . . sur les saules (forêt de Vendenheim), assez commun.
v. bothnicus, L. . . . plus commun que le type, idem.
flavescens, Schn. . . . sur les saules dans les îles du Rhin, très-rare.
v. frenatus, F. . . . idem, très-commun.
ianthinus, Germ. . . . sur les saules, assez rare.
fulcratus, Germ. . . . sur l'aulne, assez commun.
marginatus, L.. . . . . pris à Haguenau sur un bouleau, à Türckheim sur un chêne, rare.
flavilabris, Payk. . . . sur différents arbres, très-commun.
bistripunctatus, Germ.. sur de jeunes chênes, en mai, à Flexbourg et à Colmar, rare.
bipunctatus, L. . . . . commun sur le coudrier, le bouleau, le chêne, le tilleul, les saules et l'aulne.
v. lineola, F. . . . . moins commun que le type.
v. bipustulatus, F.. . idem.
6-pustulatus, Rossi . . sur les arbres, assez commun.

crassus, Oliv. . . . . . sur différents arbrisseaux, assez rare.
8-guttatus, F. • [*scoparium*, commun.
vittatus, F. . . . . sur le *Chrysanthemum Leucanthemum* et le *Spartium*
bilineatus, L. . . . . . sur différentes plantes, rare.
pygmæus, F. . . . . . . sur *Thymus Serpyllum*, commun.
minutus, F. . . . . . . sur le coudrier, le peuplier, le chêne et d'autres arbres, idem.
pusillus, F. . . . . . . sur les jeunes coudriers, l'aulne et le peuplier, com-
Populi, Suffr.. . . . . . sur le peuplier, idem. [mun.
gracilis, F. . . . . idem, assez commun.
Hübneri, F. . . . . . . sur différentes plantes, commun.
labiatus, L. . . . . . . sur les saules, le peuplier, le chêne, le bouleau;
digrammus, Suffr. . . . à Remiremont (Puton). [idem.
Wasastjernii, Gyll. . . . sur le genre *Rubus*, rare.
geminus, Gyll. . . . . . sur le coudrier et les saules, commun.

Pachybrachys, Suffr.

Hippophaes, Suffr.. . . dans les îles du Rhin sur les saules, commun.
hieroglyphicus, F. . . . idem, très-commun.
histrio, Oliv. . . . . . . sur le chêne et le coudrier, assez rare.
v. bisignatus, Redt. . comme le type.

CHRYSOMELÆ.

Timarcha, Latr.

tenebricosa, F.. . . . . sur le gazon, très-commun.
coriaria, F. . . . . . . idem, idem.
metallica, F. . . . . . . sur différentes plantes dans les Vosges, peu rare.

Chrysomela, L.

staphylæa, L. . . . . . dans les prairies, excessivement commun.
crassimargo, Germ. . . à Remiremont (Puton).
varians, F. . . . . sur l'*Hypericum perforatum*, commun.
v. Centaurei, F. . . . idem, très-commun.
gœttingensis, L. . . . . sur différentes plantes et sous les pierres, commun.
Rossii, Illig. . . . . . . idem, à Haguenau, rare.
hemisphærica, Germ. . idem, dans toutes les Vosges. [mun.
hæmoptera, L. . . . . . sur différentes plantes et sous les pierres, très-com-
molluginis, Suffr. . . . sous les pierres des terrains calcaires, peu rare.
sanguinolenta, L. . . . sur le *Linaria vulgaris*, idem.
marginalis, Duft. . . . sous les pierres, assez rare.
limbata, F. . . . . . . idem, rare.
carnifex, F. . . . . . . idem, à Haguenau et dans les Vosges, rare.
cœrulescens, Suffr.. . . idem, idem.
marginata, L. . . . . . idem, idem.
lurida, L. . . . . idem, très-rare.
violacea, Panz. . . . . . sur le genre *Mentha*, commun.
Menthastri, Suffr. . . . idem, idem.
graminis, L. . . . . . . sur le *Tanacetum vulgare*, très-commun.
fastuosa, L. . . . . . . sur le *Galeopsis Ladanum*, commun.
cerealis, L. . . . . . . sur le *Spartium scoparium*, idem.

polita, L. . . . . sur le peuplier et les saules, assez commun.
lamina, F. . . . . sous les pierres dans les Vosges, assez rare.
rufo-ænea, Suffr.. . . . à Remiremont (Puton); assez rare.
fucata, F. . . . . sur l'*Hypericum perforatum;* commun.
geminata, Panz. . . . . sous les pierres au printemps; rare.
? v. didymata, Scrib. . idem, idem.
duplicata, Zenck. . . . idem, très-rare, pris un seul individu près d'Ober-
cuprina, Duft. [hausbergen (Wencker).

Oreina, Chevr.

speciosissima, Scop. . . pris par M. Lepricur près de Sainte-Marie-aux-Mines [1]).
Cacaliæ, Schrank. . . . dans les Vosges sur *Senecio nemorensis* et *Cacalia*
v. Senecionis, Schum. *albifrons*, très-commun.
speciosa, L. . . . . . . dans les Hautes-Vosges, rare.
v. pretiosa, Suffr. . . idem, idem.
? intricata, Germ. . . . à Remiremont (Puton).

Lina, Redt.

ænea, L. . . . . sur l'aulne, commun.
collaris, L.. . . . . . . idem, à Haguenau, très-rare.
20-punctata, Scop. . . . sur les saules, assez rare.
cuprea, F. . . . . sur l'aulne et les saules, dans les Vosges, idem.
lapponica, L.. . . . . . sur les saules, assez commun au Hohwald.
v. bulgarensis, F. . . moins commun que le type.
Populi, L. . . . . sur le peuplier, commun.
Tremulæ, F. . . . . . . idem, idem.
longicollis, Suffr.. . . . idem, idem.

Gonioctena, Redt.

rufipes, De Geer. . . . sur les saules, commun.
viminalis, L. . . . . . . idem, idem.
flavicornis, L. . . . . . pris à la Bresse (Vosges), rare.
Triandræ, Suf. . . . . . sur les saules, dans les Vosges, assez répandu.
affinis, Sch. . . . . . . sur différentes plantes à Wissembourg, rare.
litura, F. . . . . sur le *Spartium scoparium*, idem.
5-punctata, F. . . . . . sur différents arbrisseaux, assez rare.
pallida, L. . . . . sur les haies dans les Vosges, idem.

Gastrophysa, Redt.

Polygoni, L. . . . . . . sur le *Polygonum aviculare*, assez commun.
Raphani, F. . . . . . . sur les plantes aquatiques, assez rare.

Plagiodera, Redt.

Armoraciæ, L.. . . . . . sur les saules, très-commun.

Phædon, Latr.

pyritosa, Oliv. . . . . . à Strasbourg, très-rare.
sabulicola, Suffr.. . . . sur différentes plantes, rare.
Betulæ, L.. . . . . . . sur différentes plantes aquatiques, commun.
Cochleariæ, F. . . . . . idem, idem.
salicina, Heer. . . . . . idem, et sur les terrains calcaires, rare.

[1]) Le seul échantillon que j'ai vu, me paraît être une variété de cette belle espèce. (Wencker.)

Phratora, Redt.

vulgatissima, L. . . . . sur les saules, très-commun.
tibialis, Suffr. . . . . . surtout sur le *Salix purpurea*, moins commun.
Vitellinæ, L. . . . . . . sur les saules, commun.
laticollis, Suffr. . . . . idem, à Wissembourg, rare.

Prasocuris, Latr.

aucta, F. . . . . sur les prés humides en fauchant, commun.
v. Umhangii, Wenck. un seul individu a été pris à Türckheim par M. Martin, notaire, et fait partie de la collection de M. l'abbé Umhang. (Voir à la fin de ce volume.)
marginella, L. . . . . . sur les prés humides en fauchant, plus rare.
Phellandrii, L. . . . . . idem, rare.
Beccabungæ, Illig. . . . sur le *Veronica Beccabunga*, idem.
hannoverana, F. . . . . sur les saules, pris un individu à Wissembourg (Wencker).

GALERUCÆ.

Adimonia, Laich.

Tanaceti, L. . . . . . . sur différentes plantes, très-commun.
rustica, Schall. . . . . . idem, idem.
littoralis, F. . . . . . . idem, rare.
interrupta, Oliv. . . . . idem, assez commun.
Capreæ, L. . . . . sur les saules, commun.
sanguinea, F. . . . . . sur les arbrisseaux, assez rare.
aptera, Bon. . . . . . . aux inondations de la Fecht à Colmar (Leprieur), rare.
hæmatidea, Germ.

Galeruca, F.

Viburni, Payk. . . . . . sur le *Viburnum Opulus*, commun.
Cratægi, Fœrst. . . . . sur l'aulne, idem.
Nymphææ, L. . . . . . sur différents arbres, assez commun.
lineola, F. . . . . idem, peu rare.
calmariensis, L. . . . . idem, idem.
Lythri, Gyll.
Sagittariæ, Gyll. . . . . idem, peu commun.
tenella, L. . . . . . idem, peu rare.
pusilla, Duft.

Malacosoma, Chevr.

lusitanica, L. . . . . . . sur différentes plantes, dans la région vosgienne, peu rare.

Agelastica, Redt.

Alni, L. . . . . sur l'ormeau et sur l'aulne, commun.
halensis, L. . . . . . . en fauchant sur les prés, idem.

Phyllobrotica, Redt.

4-maculata, L. . . . . . sur le *Mentha crispa*, rare.

Luperus, Geoffr.

circumfusus, Marsh. . . sur les *Genista sagittalis* et *tinctoria*, commun.
pinicola, Duft. . . . . . sur les conifères, idem.
rufipes, F. . . . . sur le bouleau etc., idem.
xanthopus, Duft. . . . . sur différentes espèces d'arbres, rare.

flavipes, L. . . . . sur les bois blancs, commun.
viridipennis, Germ. . . au Hoheneck sur le *Ribes alpina* (Leprieur), rare.
cœrulescens, Duft.

ALTICÆ.

Crepidodera, Chevr.

transversa, Marsh. . . en fauchant, commun.
impressa, Duft.
ferruginea, Scop. . . . idem, idem.
exoleta, F.
ventralis, Illig. . . . . . en Alsace et dans les Vosges, assez rare.
rufipes, L. . . . . sur les mauves, assez commun.
femorata, Gyll. . . . . en fauchant dans les Vosges, très-rare.
melanostoma, Redt. . . sur les malvacées (Wencker), excessivement rare.
nitidula, L. . . . . . . sur les saules et l'aulne, pris à Colmar sur le tremble par M. Leprieur, très-rare.
aurata, Marsh. . . . . . sur les saules et les peupliers, commun.
chloris, Foudr. . . . . . à Remiremont (Puton), rare.
helxines, L. . . . . . . sur les saules et les peupliers (Leprieur), très-commun.
fulvicornis, F.
v. metallica, Duft. . . idem, idem.
v. cyanea, Marsh. . . idem, idem.
Modeeri, L. . . . . . . sur l'*Equisetum arvense*, commun.
pubescens, Panz. . . . sur l'*Hyoscyamus niger*, le *Solanum Dulcamara* et l'*Atropa Belladona*, idem.
Atropæ, Foudr. . . . . idem, assez rare.
intermedia, Foudr.. . . sur la belladone (Colmar), très-rare.

Hermæophaga, Foudr.

Mercurialis, F. . . . . sur le *Mercurialis perennis*, commun.
cicatrix, Illig. . . . . . sur le *Mercurialis annua*, pris à Haguenau par M. Billot, rare.

Altica, Geoffr.

Graptodera, Chevr.

Erucæ, Oliv. . . . . . . sur le chêne, commun.
Coryli, Allard. . . . . . sur le coudrier, idem.
ampelophaga, Guérin. . sur le tamarix aux bords du Rhin, idem.
Hippophaes, Aubé. . . sur l'*Hippophae rhamnoides*, idem.
pusilla, Duft. . . . . . sur les hélianthèmes et le *Potentilla verna*, assez rare
Helianthemi. All.
Ericeti, All. . . . . . . sur les bruyères, rare.
Lythri, Aubé. . . . . . sur le *Lythrum Salicaria*, commun.
♀ *consobrina*, Duft.
oleracea, L. . . . . . . en fauchant, idem.
montana, Foudr . . . . idem, dans les Vosges (Puton), rare.
cognata, Kutsch.

Longitarsus, Latr.

Teinodactyla, Chevr.

Echii, Hoffm. . . . . . sur l'*Echium vulgare*, commun.
fusco-æneus, Redt., All. en fauchant, rare.

niger, Hoffm. . . . . . en fauchant, rare.
obliteratus, Rossi. . . . sur le *Salvia pratensis* et le *Thymus Serpyllum* [(Wencker), idem.
Anchusæ, Payk. . . . . sur l'*Anchusa*, le *Cynoglossum* et l'*Echium*, assez [commun.
parvulus, Payk. . . . . sur le charme, idem.
holsaticus, L. . . . . . sur les *Equisetum* et le *Pedicularis palustris*, rare.
apicalis, Beck. . . . . . sur les *Equisetum*, très-rare.
analis, Duft. Foudr. [très-rare.
4-pustulatus, F. . . . . sur le *Cynoglossum officinale* et le *Salvia pratensis*,
brunneus, Duft. . . . . en fauchant, dans les Vosges, rare.
luridus, Rossi. . . . . . idem, assez commun.
thoracicus, Kirby. . . . idem, dans les Vosges (Puton), idem.
melanocephalus, Foudr.
lateralis, Illig. . . . . . sur les *Verbascum*, idem.
atricillus, L. . . . . . . en fauchant sur les luzernes, idem.
atriceps, Kutsch. . . . . aux inondations de l'Ill (Leprieur), rare.
melanocephalus, Gyll. All. en fauchant sur les *Verbascum*, assez rare.
atricapillus, Duft.
Sisymbrii, F. . . . . . idem, commun.
Nasturtii, F. . . . . . . sur l'*Echium vulgare*, idem.
picipes, Steph. . . . . . sur le genre *Senecio*, idem.
pratensis, Panz. . . . . sur l'*Echium vulgare*, idem.
femoralis, Marsh. . . . sur l'*Echium vulgare* et le *Convolvulus sepium*, idem.
pusillus, Gyll. . . . . . sur le serpolet, idem.
Ballotæ, Marsh. . . . . dans les Vosges (Puton), assez rare.
Reichei, All. . . . . . . en fauchant, dans les Vosges (Puton), rare.
Verbasci, All. . . . . . sur le *Verbascum Thapsus*, commun.
v. Thlapsi, Marsh. . . idem, idem.
pallens, Foudr. . . . . à Ingersheim sur le *Scrofularia canina*, peu rare.
tabidus, Illig. . . . . . sur le *Verbascum Thapsus*, assez rare.
rufulus, Foudr. . . . . dans les Vosges (Puton), idem.
lævis, Duft. . . . . . . sur les chrysanthèmes, commun.
flavicornis, Steph.

Phyllotreta, Chev.

antennata, Hoffm. . . . sur le *Reseda lutea* au printemps, commun.
punctulata, Marsh. . . . pris à Colmar par M. Leprieur, très-rare.
diademata, Foudr. . . . dans les Vosges sur les crucifères et le *Reseda lutea*, [rare.
atra, Hoffm. . . . . . . idem, commun.
obscurella, Illig. . . . . sur les *Cochlearia Armoracia* et *Sisymbrium murale*, [commun.
melæna, Illig. . . . . . sur les crucifères, idem.
Lepidii, Hoffm.. . . . . sur le *Brassica campestris* et d'autres crucifères, idem.
procera, Redt. . . . . . sur les résédas, en automne, assez commun.
Armoraciæ, Hoffm. . . sur le *Cochlearia Armoracia*, rare.
nemorum, L. . . . . . sur les crucifères, commun.
vittula, Redt. . . . . . sur le *Nasturtium amphibium*, idem.
flexuosa, Hoffm. . . . . sur le *Brassica oleracea*, idem.
fallax, All.
undulata, Kutsch. . . . assez commun en fauchant dans les bois humides.
flexuosa, Foudr. et All.

sinuata, Redt. . . . . . sur les crucifères, rare.
ochripes, Curt. . . . . . sur les *Sisymbrium amphibium* et *Cochlearia Armo-*
excisa, Redt. [*racia*, idem.
variipennis, Boiel. . . . sur les crucifères dans les Vosges, idem.
tetrastigma, Comol. . . idem, assez rare.
Brassicæ, F. . . . . . . idem, commun.
4-pustulata, Payk.

Aphthona, Chevr.

Cyparissiæ, Hoffm. . . . sur l'*Euphorbia Cyparissias*, commun.
lutescens, Gyll. . . . en fauchant à Haguenau, rare.
cœrulea, Payk. . . . . sur l'*Iris pseud-acorus*, commun.
atro-cœrulea, Steph.. . en fauchant sur les euphorbes, idem.
cyanella, Redt.
hilaris, Kirby. . . . . . idem, idem.
Euphorbiæ, F. . . . . . sur l'*Euphorbia sylvatica*, idem.
violacea, Hoffm. . . . . sur l'*Euphorbia palustris*, assez rare.
Pseud-acori, Redt.
ovata, Foudr. . . . . . idem, rare.
Euphorbiæ, Kutsch.
herbigrada, Curt. . . . en fauchant sur les campanulacées, commun.
Campanulæ, Redt.
delicatula, Foudr. . . . en fauchant, rare.

Argopus, Fisch.

hemisphæricus, Duft. . en fauchant sur les carduacées, rare.

Sphæroderma, Steph.

testaceum, F. . . . . . sur le *Carduus nutans*, rare.
Cardui, Kirby. . . . . . idem, commun.

Podagrica, Chevr.

fuscipes, F. . . . . . . sur les feuilles du *Malva rotundifolia*, commun.
fuscicornis, L. . . . . . sur l'*Althœa officinalis*, idem.

Batophila, Foudr.

ærata, Marsh. . . . . . sur le chanvre et les *Rubus* (Leprieur), très-rare.
Rubi, Payk. . . . . . . sur le genre *Rubus*, au Neuhof, rare
Salicariæ, Payk. . . . . sur le *Lythrum Salicaria*, assez commun.

Balanomorpha, Chevr.

rustica, L. . . . . sur le *Rumex crispus*, commun.
obtusata, Gyll. . . . . . sur différentes plantes en fauchant, idem.
Chrysanthemi, Hoffm. . sur le *Chrysanthemum Leucanthemum*, rare.

Hypnophila, Foudr.

obesa, Waltl. . . . . . en fauchant dans des lieux humides, rare.
Caricis, Mærk.

Mniophila, Steph.

muscorum, Hoffm. . . sur la mousse au pied des arbres dans les Vosges,
à Haguenau et au Neuhof, rare.

Plectroscelis, Latr.

semicœrulea, Hoffm. . sur les saules, peu commun.
concinna, Marsh. . . . en fauchant, commun.
dentipes, Hoffm.
angustula, Rosenh. . . idem, à la Schlucht (Leprieur), idem.
Mannerheimii, Gyll. . . idem, assez commun.
aridula, Gyll. . . . . . idem, très-commun.
confusa, Bohm. . . . . aux bords de l'Ill (Leprieur), dans les Vosges (Puton), [rare.
arida, Foudr.
Sahlbergii, Gyll. . . . . en fauchant, assez rare.
aridella, Payk. . . . . . idem, très-commun.

Apteropeda, Redt.

graminis, Hoffm. . . . en fauchant dans les bois, commun.
ciliata, Oliv.
globosa, Panz. . . . . . idem, rare.

Dibolia, Latr.

rugulosa, Redt. . . . . en fauchant dans les bois des Vosges (Demange), [assez rare.
cryptocephala, Hoffm. . idem (Wencker), rare.
Cynoglossi, Hoffm. . . . idem, idem.
femoralis, Redt. . . . . idem, idem.
occultans, Hoffm. . . . idem, idem.
Fœrsteri, Bach. . . . . dans les Vosges (Puton), rare.

Psylliodes, Latr.

Dulcamaræ, Hoffm. . . sur les *Solanum Dulcamara* et *nigrum*, rare.
chalcomera, Illig. . . . en fauchant sur le *Carduus nutans* à Colmar, idem.
Hyoscyami, L. . . . . . idem, assez rare.
cuprea, Hoffm. . . . . idem, rare.
attenuata, Hoffm. . . . idem sur les orties, très-commun.
picipes, Redt. . . . . . idem (Wencker), idem.
affinis, Payk. . . . . . sur le chanvre, très-commun.
chrysocephala, L. . . . sur les crucifères, commun.
v. erythrocephala, L. idem, idem.
Napi, Gyll. . . . . idem, assez rare.
cupreo-nitens, Fœrst. . idem, à Remiremont, rare.
cucullata, Illig. . . . . idem, idem.
picina [1]), Marsh. . . . . en fauchant (Wencker), idem.
picea, Redt.
melanophthalma, Duft. idem, idem.
rufilabris, Hoffm. . . . en fauchant (Wencker), idem.
luteola, Mul. . . . . . . idem à Haguenau (Wencker), très-rare.

HISPÆ.

Hispa, L.

atra, L. . . . . sous les pierres, dans le sable entre les herbes, dans
aptera, L. la luzerne, très-commun.

[1] Le *P. rufilabris*, *Ent. Hefte*, le *P. melanophthalma*, Duft. et le *P. picina*, Marsh., paraissent être une seule et même espèce; elle est très-variable. (Leprieur).

Cassida, L.

austriaca, F. . . . . . . sur le *Salvia pratensis*, très-rare ; M. Kampmann en a pris quatre individus à Colmar, lors d'une inondation.
murræa, L. . . . . sur l'*Inula dysenterica* (Kampmann), rare.
vittata, F. . . . . idem, assez rare.
sanguinosa, Suffr. . . . sur le *Tanacetum vulgare*, commun.
rotundicollis, Bris. . . . à Strasbourg (Wencker), rare.
rubiginosa, Illig. . . . . sur le *Cirsium arvense* et l'*Inula dysenterica*, commun.
viridis, F.
thoracica, Kug. . . . . sur l'*Hypericum pulchrum*, rare.
vibex, L. . . . . en fauchant, assez rare.
languida, Cornel. . . . sur l'*Achillea Millefolium*, commun.
stigmatica, Suffr.. . . . idem, idem.
sanguinolenta, Bohm. . en fauchant, idem.
lucida, Suff. . . . . . . sur le *Silene inflata*, rare.
azurea, F. . . . . sur le *Saponaria officinalis*, pris à Colmar par M. Leprieur, idem.
oblonga, Illig. . . . . . en fauchant, assez rare.
nobilis, L. . . . . sur le *Chenopodium album*, commun.
margaritacea, Schall.. . en fauchant, peu rare.
pusilla, Waltl. . . . . . idem, pas trop rare.
nebulosa, L. . . . . . . sur le *Chenopodium album*, commun.
ferruginea, F. . . . . . sur le *Convolvulus arvensis* et l'*Achillea Millefolium*, idem.
obsoleta, Illig. . . . . . sur les *Stellaria holostea* et *graminea*, idem.
equestris, F. . . . . . . sur le genre *Mentha* et le *Stachys sylvatica*, idem.
hemisphærica, Hbst. . . sur le *Silene inflata*, idem.

EROTYLIDÆ.

Triplax, Payk.

russica, L. . . . . . . dans les bolets et les fagots, commun.
æenea, Payk. . . . . . . idem, plus rare.
rufipes, Payk. . . . . . idem, rare.

Tritoma, F.

bipustulata, Oliv. . . . dans les bolets et le bois carié, commun.

Engis, F.

sanguinicollis, F. . . . dans les vieux fagots à Vendenheim (Wenck.), rare.
humeralis, F. . . . . . dans les bolets et le bois carié, assez rare.
rufifrons, F. Gyll. . . . idem, idem.

ENDOMYCHIDÆ.

Lycoperdina, Latr.

Bovistæ, Gyll. . . . . . dans l'intérieur du *Lycoperdon Bovista*, commun.

Mycetina, Muls.

cruciata, F. . . . . . . dans le bois carié (Haguenau, Wencker), rare.

Endomychus, Panz.

coccineus, Panz. . . . . dans l'intérieur des *Lycoperdon*, assez rare.

COCCINELLIDÆ.

GYMNOSOMI.

Hippodamia, Chevr.

13-punctata, L. . . . . en fauchant sur les plantes aquatiques, commun.

7-maculata [1]), De Geer. un individu a été pris à Remiremont par M. Puton.

Anisosticta, Chevr.

19-punctata, L. . . . . en fauchant sur les plantes aquatiques, commun.

Adonia, Muls.

mutabilis, Scriba. . . . en fauchant, commun.

Adalia, Muls.

obliterata, L. . . . . . sur les conifères dans les Vosges, commun.
M-nigrum, Illig.

bipunctata, L. . . . . . très-commun partout.

11-notata, Schn. . . . . sur les ronces, assez rare.

Harmonia, Muls.

margine-punctata, Schall. dans les forêts de pins et de sapins, commun.

impustulata, L. . . . . très-commun partout.

Coccinella, L.

14-pustulata, L. . . . . en fauchant et sur les haies, commun.

variabilis, Illig. . . . . idem, idem.

11-punctata, L. . . . . idem et sur le *Carduus nutans* (Leprieur), idem.

hieroglyphica, L. . . . sur les pins dans les Vosges et surtout sur les bruyères (Puton), assez rare.

5-punctata, L. . . . . . en fauchant et sur les haies, commun.

7-punctata, L. . . . . . idem, idem.

labilis, Muls. . . . . . . idem, pris à Colmar par MM. Leprieur et Kampmann, assez rare.

Sospita, Muls.

tigrina, L. . . . . sur l'aulne à Haguenau et dans les Vosges (Demange et Billot), rare.
v. 20-guttata, L. . . plus commun que le type.

Myrrha, Muls.

18-guttata, L. . . . . . sur les conifères, assez commun.

Calvia, Muls.

14-guttata, L. . . . . . sur divers arbres, pas très-commun.

10-guttata, L. . . . . . idem, partout rare.

bis-7-guttata, Schall. . idem, très-rare.

Halyzia, Muls.

16-guttata, L. . . . . . sur divers arbres, assez commun.

[1]) Cette espèce est nouvelle pour la Faune française (Wencker).

Vibidia, Muls.

12-guttata, Podag. . . . sur divers arbres, peu rare.

Thea, Muls.

22-punctata, L. . . . . sur les *Verbascum*, commun.

Propylea, Muls.

14-punctata, L. . . . . sur divers arbres, commun.

Micraspis, Chevr.

12-punctata, L. . . . . sur divers arbres, commun.

Chilocorus, Leach.

renipustulatus, Scriba.. sur les conifères, commun.
bipustulatus, L. . . . . idem, idem.

Exochomus, Redt.

auritus, Scriba. . . . . sur les conifères, généralement assez rare, commun [à Bitche (Barret).
4-pustulatus, L. . . . . idem, commun.

Hyperaspis, Chevr.

campestris, Hbst. . . . en fauchant. très-rare.
lateralis, Panz. . . .
reppensis, Hbst. . . . . idem, idem.
marginella, F.

TRICHOSOMÆ.

Epilachna, Chevr.

Argus, Geoffr. . . . . . sur différentes plantes, la larve se développe dans le
11-maculata, F. *Bryonia dioica*, très-rare.

Lasia, Muls.

globosa, Schn. . . . . . en fauchant; la larve se nourrit de *Medicago sativa*
Sponaria officinalis et *Silene inflata*, commun.

Cynegetis, Redt.

impunctata, L. . . . . . aime les terrains sablonneux, très-rare.

Anatis, Muls.

ocellata, L. . . . . . . sur les arbres, assez rare.

Mysia, Muls.

oblongo-guttata, L. . . dans les forêts de pins, commun.

Platynaspis, Redt.

villosa, Fourcr. . . . . en fauchant et sous les écorces, très-commun.

Scymnus, Kug.

4-lunulatus, Illig. . . . sur les plantes marécageuses, très-commun.
Redtenbacheri, Muls. . en fauchant, rare.
biverrucatus, Panz. . . idem, idem.
nigrinus, Kug. . . . . . sur les conifères, commun.
pygmæus, Geoffr. . . . en fauchant, idem.

marginalis, Rossi. . . . sur les conifères, idem.
Apetzii, Muls. . . . . . en fauchant, rare.
Ahrensii, Muls. . . . . idem, idem.
frontalis, F. . . . . . . idem, commun.
Abietis, Payk. . . . . . sur les conifères, rare.

Pullus, Muls.

fasciatus, Geoffr. . . . . en fauchant, rare.
arcuatus, Rossi. . . . . idem, très-rare.
implexus, Muls. . . . . dans les Vosges (Puton), rare.
discoideus, Illig. . . . . sur les conifères, commun.
analis, F. . . . . idem, idem.
hæmorrhoidalis, Hbst. . sur les conifères, commun.
capitatus, F. . . . . . . en fauchant, assez rare.
ater, Kug. . . . . idem, commun.
minimus, Payk. . . . . idem, assez rare.
fulvicollis, Muls. . . . . idem (Wencker), rare.

Rhizobius, Steph.

litura, F. . . . . sur l'herbe, dans les terrains secs et sablonneux, très-commun.
v. discimacula[1]), Muls. idem, moins commun.

Coccidula, Kug.

scutellata, Hbst. . . . . sur les plantes aquatiques, commun.
rufa, Hbst. . . . . . . idem, idem.

Alexia, Steph.

globosa, Sturm. . . . . en tamisant les feuilles sèches au Neuhof, rare.
pilosa, Panz. . . . . . . idem, idem.
pilifera, Küster. . . . . idem, au Champ-de-Feu, idem.

[1]) Cette espèce indiquée dans Mulsant, comme ayant été trouvée en Alsace par feu M. Saucerotte, me paraît être une simple variété de la précédente. N'ayant pu découvrir encore la moindre différence entre les deux espèces, nous la porterons jusqu'à nouvel ordre comme une simple variété du *Rh. litura* à taches très-noires. (Wencker.)

ADDENDA.

Amara Schimperi, Wencker. pris à une inondation du Rhin, très-rare. (Voir la description p. 25.)
Lathrobium labile, Er. . . . très-rare; deux individus ont été pris par M. Leprieur à une inondation de la Fecht à Colmar.

DESCRIPTIONS D'ESPÈCES NOUVELLES.

AMARA SCHIMPERI, Wencker.

Longueur : 6 millimètres.

Convexe, oblong, dessus d'un bronzé verdâtre brillant, les deux premiers articles des antennes et la base du troisième d'un roux-clair; prothorax fortement bisinué à la base, ponctué à cette dernière et sur les côtés; élytres à stries très-fines pas plus profondes en arrière, pattes brunes, les tibias plus clairs, terminés par une épine simple.

Convexe, oblongue-elliptique, d'un bronzé assez brillant à reflets verdâtres.

Tête lisse, deux petites stries parallèles entre les yeux, reliées par une autre transversale.

Palpes ferrugineux, dernier article plus obscur à la base.

Antennes brunes, les deux premiers articles et la base du troisième d'un roux clair, ce dernier presque deux fois plus long que le deuxième, le quatrième moins long que le troisième et à peine moins long que le cinquième, le dernier plus long que le précédent, allongé pointu.

Prothorax convexe, transversal, peu arrondi sur les côtés, rétréci en avant et tronqué, finement rebordé vers les angles antérieurs, ceux-ci à peine avancés, assez aigus, un peu émoussés; bord postérieur presque droit au milieu, à peine rebordé, largement, très-fortement sinué, et très-visiblement rebordé vers les angles postérieurs, ces derniers assez aigus, un peu émoussés et saillants en arrière; à la base il y a deux fossettes latérales, l'interne assez large, profonde, à ponctuation forte et serrée, plus fine et plus obsolète vers le milieu de la base, l'externe très-faible à ponctuation fine et écartée, cette ponctuation remonte le long des côtés latéraux et laisse encore des traces sur le disque du bord antérieur; près des bords latéraux, au premier tiers antérieur, on remarque un point enfoncé et un autre sur la base près des angles postérieurs, la ligne médiane est fine, quoique bien marquée, raccourcie aux deux extrémités.

L'écusson est large, ogival, pour ainsi dire rebordé sur les côtés.

Les élytres sont deux fois et demie plus longues que le prothorax, de la largeur de ce dernier à leur base, convexes, légèrement et graduellement élargies derrière les épaules, jusqu'au delà du milieu, terminées un peu en ogive, à peine sinuées à leur extrémité; les stries sont très-fines, obsolètement ponctulées, les quatre premières stries à peine plus profondes et seulement à la partie déclive; tout à fait à l'extrémité, stries subhumérales obsolètes.

Le dessous du corps est noir, brillant et lisse; les pattes sont brunes, les jambes et les tarses plus clairs, les jambes antérieures sont terminées par une épine simple, courte et émoussée. Le ♂ a sur le dernier segment un point enfoncé de chaque côté.

Cette espèce est voisine de l'*Amara communis*, mais sa forme est plus allongée, le corps beaucoup plus convexe, le prothorax plus transversal, différemment ponctué, les angles postérieurs plus aigus, les stries plus fines, la coloration des antennes différente. Elle se distingue de l'*Amara vulgaris*, avec lequel elle a la coloration des antennes de commun, par son corps plus convexe, le corselet plus transversal, la base très-sinuée, très-fortement ponctuée; le facies de cette espèce la rapproche un peu du genre *Triæna*, Lecomte; elle rappelle la forme de la *Triæna erythrocnema*, Koll., et s'en éloigne par la forme plus convexe et moins allongée, l'épine des jambes antérieures n'est pas trifide. Sa place serait avant l'*Amara communis*.

J'ai pris dans une inondation du grand Rhin, en 1854, le seul échantillon ♂ qui fait partie de ma collection.

Je me fais un vrai plaisir de dédier cette espèce à M. Schimper, le savant directeur et conservateur du Muséum d'histoire naturelle de la ville de Strasbourg.

Aleochara Carolinæ, Wencker.

Longueur : 5 millimètres

D'un testacé clair, tête un peu enfumée sur le disque ainsi que la base des trois ou quatre premiers segments abdominaux; antennes à peine dilatées vers leur extrémité; prothorax transversal, élytres aussi longues que ce dernier; abdomen presque parallèle; pattes d'un testacé clair.

Cet *Aleochara* ressemble de prime abord à un *Myrmedonia*, le prothorax large et arrondi rend cette illusion presque complète, les antennes presque filiformes et très-longues lui donnent encore un faux air d'*Aleochara*.

Entièrement d'un testacé ou d'un roux clair, brillant.

Tête petite, ovale, un peu enfumée sur le disque, sous un certain jour on y voit une légère fossette, presque lisse, quelques points écartés et fins derrière les yeux; couverte d'une pubescence fine et écartée d'un roux clair. Yeux latéraux, ovales, noirs, presque plats. Palpes de la couleur locale. Antennes plus longues que la tête et le prothorax, d'un testacé un peu plus clair à la base, très-peu dilatées vers leur extrémité, premier article de la longueur du deuxième et pas plus gros, le troisième un peu plus long que le deuxième, le quatrième près de moitié moins long que le troisième, presque carré, un peu trapézoïdal, les suivants graduellement plus larges, mais légèrement transversaux, le dernier moins long que les trois précédents, ovale, allongé, coupé droit à la base, légèrement acuminé et un peu arrondi à l'extrémité.

Prothorax transversal, convexe, arrondi sur les côtés, légèrement rétréci sur le devant, très-finement et également rebordé dans tout son pourtour, angles antérieurs, largement arrondis, non avancés, les postérieurs très-arrondis et formant avec la base une ligne courbe non sinuée, sa surface est brillante, également et finement pubescente, à ponctuation excessivement fine et assez serrée; dans son premier tiers postérieur, on remarque sur le disque deux petits points enfoncés, qui pourraient n'être qu'accidentels.

Écusson testacé, petit, triangulaire, presque ruguleusement ponctué.

Élytres un peu moins larges à leur base que le prothorax au milieu, et de la longueur de ce dernier, un peu sinuées à leur angle apical externe, légèrement arrondies à leur extrémité et un peu rentrantes vers la suture, cette dernière finement rebordée; la pubescence est un peu plus serrée que celle du prothorax; la ponctuation très-fine, un peu râpeuse, est serrée, un peu substransversale, plus opaque que sur le reste du corps.

Abdomen brillant, presque parallèle, très-peu rétréci vers l'extrémité; à l'extrémité de chaque segment la ponctuation est très-écartée ainsi que la pubescence; il est largement rebordé; la couleur générale est d'un roux clair, la base de chaque segment un peu enfumée.

Pattes de la couleur générale du corps; tarses fins, allongés.

La conformation du prothorax, la sculpture générale du corps et la forme des antennes ne permettent pas de le confondre avec ses congénères; sa place serait à côté de l'*A. tenuicornis*, Kraatz. = *rufipes*, Muls. (*Opusc. Ent.*, II, 63, 2). Dans cette espèce le quatrième et le cinquième article des antennes seraient très-visiblement plus longs que larges; dans notre espèce ceci n'est pas le cas, le quatrième est à peine plus long que large, le cinquième est certes carré ou plutôt subtransversal.

J'ai dédié cette espèce à Madame Wencker, qui l'a prise sous une pierre dans une forêt de pins à Viterne, aux environs de Neufchâteau, elle pourrait bien se retrouver dans les terrains calcaires des Vosges.

Lathrobium suturale, Wencker.

Longueur : 6 millimètres.

D'un brun foncé, assez brillant, sauf l'abdomen; antennes, extrémité des élytres, suture et pattes un peu plus clairs.

De la taille des grands échantillons du *Lathrobium filiforme*, mais un peu plus large, très-voisin du *Lathrobium elegantulum*, mais plus grand et à élytres différemment colorées.

Tête de la largeur du prothorax, mais un peu plus courte, finement et densément ponctuée, sauf au milieu, où elle est plus écartée. Antennes un peu moins foncées vers leur extrémité, le troisième article est un peu plus grêle et plus long que le deuxième, le premier de la longueur des deux suivants.

Le prothorax paraît à peine moins allongé que chez le *Lathrobium filiforme*, près de moitié plus long que large, la ponctuation est un peu plus visible, plus régulière, presque sériale, et l'espace lisse du milieu est plus large et plus droit.

Écusson petit, en triangle sphérique avec trois ou quatre points enfoncés.

Élytres finement et peu densément pubescentes, un peu plus larges que le prothorax, plus longues que ce dernier, légèrement élargies de la base vers l'extrémité, coupées obliquement à cet endroit vers l'angle apical sutural, de manière à former à ce point un angle rentrant très-ouvert; la couleur générale est d'un brun rougeâtre, un peu plus enfumée vers l'écusson, la suture est un peu plus claire, fortement relevée, la ponctuation est fine, pas trop serrée, légèrement en lignes obliques vers l'écusson.

Abdomen un peu moins large à la base que les élytres, un peu dilaté vers le cinquième segment, les deux derniers segments forment un triangle tronqué au sommet, la pubescence est plus serrée, ce qui le rend opaque, la ponctuation très-fine est assez serrée, le rebord de chaque côté large. Dessous du corps d'un brun rouge plus clair, très-finement et densément ponctué.

Cuisses antérieures robustes, munies d'une petite dent aiguë et plus foncées que les pattes postérieures, qui sont d'un rougeâtre plus clair.

On ne saurait confondre cette espèce avec le *L. filiforme*, les élytres sont plus longues que le prothorax, l'abdomen plus opaque, la forme moins convexe. Il diffère du *Lathrobium elegantulum*, avec lequel il a certes beaucoup d'affinité, par la couleur différente des élytres dont le dernier tiers est dit d'un rouge de sang très-vif. Le *Lathrobium xanthomerum*, Kraatz, a la couleur des pattes différente.

Le seul exemplaire que je possède vient de Strasbourg et est une femelle. Cette espèce est certainement confondue dans les collections avec le *L. filiforme*, Grav., ou le *L. punctatum*, Zett., et n'est peut-être pas rare en Alsace.

TRICHOPTERYX SILBERMANNI, Wencker.

Longueur 3/4 de millimètre.

Noir, assez brillant, couvert d'une pubescense grise plus serrée sur les élytres; ponctuation de la tête et du prothorax très-forte, un peu écartée; élytres brunes, rougeâtres à l'extrémité; antennes testacées, pattes d'un testacé rougeâtre.

Tête noire assez brillante, palpes testacées, antennes un peu moins claires, très-filiformes.

Prothorax brillant, près de deux fois plus large que long, la ponctuation de la tête et du prothorax est très-grosse relativement à la taille de l'insecte, assez écartée; les côtés sont arrondis au milieu, fortement rebordés, rougeâtres par la transparence; les angles postérieurs sont légèrement redressés et droits quand on examine l'insecte d'en haut, légèrement obtus quand on le regarde de côté, nullement saillants en arrière; le bord antérieur est plus étroit que la base, celle-ci est très-finement rebordée et légèrement sinuée vers les angles.

L'écusson est grand, triangulaire, plus finement ponctué que le prothorax.

Les élytres sont d'un brun foncé et rougeâtres à l'extrémité, près de deux fois plus longues que le prothorax, parallèles, non atténuées en arrière, côtés faiblement arqués, l'extrémité est à peine coupée obliquement, largement arrondie à l'angle externe, l'angle sutural seulement arrondi; la suture, sous un certain jour, est légèrement relevée; la ponctuation est plus fine et plus serrée que sur le prothorax et devient nulle à l'extrémité; le dernier segment de l'abdomen est à découvert. Les pattes sont d'un testacé un peu rougeâtre.

Cette espèce a quelque analogie avec la *Trichopteryx Guerinii*, Alibert (*Rev. Zool.*, 1844, p. 52), et paraît en différer, par le manque de la ligne transversale enfoncée du bord postérieur du prothorax, par la présence très-sensible de la bordure pâle à l'extrémité des élytres remontant légèrement vers les angles externes; la ponctuation du prothorax est très-forte et les côtés sont très-visiblement rebordés, sa place serait à côté de cette espèce.

Je dédie cette espèce et la suivante à M. G. Silbermann, le doyen des entomologistes de l'Alsace, qui a tant contribué à répandre la belle science de l'entomologie dans cette province.

J'ai pris un seul individu au vol, le soir dans les environs de Sainte-Marie-aux-Mines (Haut-Rhin).

Dorytomus Silbermanni, Wencker.

Longueur : 4 à 4,3 millimètres.

Ovale allongé, subdéprimé, d'un brun roux à pubescence fauve; prothorax subtransversal, moins large que les élytres, ces dernières à taches presque uniformément réparties; pattes assez courtes de la couleur locale, cuisses armées d'une dent petite, courte et aiguë.

Oblong, allongé, presque parallèle, subdéprimé, d'un brun roux à pubescence blanchâtre, fauve et quelquefois avec les deux couleurs mélangées.

Tête ronde, en grande partie enchâssée dans le prothorax, d'un brun foncé, entièrement couverte d'une ponctuation assez forte, serrée, très-visible sur l'occiput et le vertex; front couvert d'une pubescence blanchâtre très-épaisse, laissant une fossette longitudinale un peu dénudée entre les yeux, ces derniers peu saillants, ronds, noirs et assez rapprochés sur le front.

Rostre un peu plus long que la tête et le prothorax réunis, presque droit, assez robuste, à peine un peu élargi à l'extrémité, d'un brun noir sans pubescence, très-finement et régulièrement striés daus les deux sexes, celui du ♂ un peu plus court et plus épais.

Les antennes partagent la couleur locale, sont cependant un peu plus claires à la base, l'insertion chez le ♂ est située un peu plus vers l'extrémité que chez la ♀, chez celle-ci l'insertion se trouve un peu avant le milieu en partant de l'extrémité; la massue est petite, ovoïde, pointue.

Prothorax à peu près d'un quart plus large que long, d'un brun roux, coupé droit au bord postérieur, à peine sinué derrière le lobe oculaire, arrondi sur les côtés un peu avant le milieu, plus rétréci en avant qu'en arrière, la ligne médiane est fine, lisse, brillante et souvent plus foncée que le reste, la ponctuation du disque est médiocrement forte, assez serrée et très-visible; la pubescence fauve ou blanchâtre laisse la ligne médiane un peu libre, devient un peu plus serrée sur les côtés de cette dernière, où elle forme une petite bande étroite courbée vers l'intérieur du prothorax, en laissant à droite un point allongé plus dénudé.

Écusson très-petit, ovale, glabre et sillonné.

Élytres un peu plus de trois fois plus longues que le prothorax, subdéprimées, bien plus larges à leur base que ce dernier, épaules bien marquées, arrondies, à peine rétrécies sur les côtés derrière celles-ci, puis légèrement et progressivement élargies jusqu'aux deux tiers postérieurs, puis légèrement arrondies à leur extrémité, où elles sont un peu déhiscentes et séparément arrondies; assez fortement striées-ponctuées, les points arrondis et rapprochés; la couleur du fond est généralement d'un brun roux, couvertes d'une manière égale et presque régulière de taches brunes plus ou moins confluentes et peu tranchantes, revêtues en outre d'une pubescence couchée blanche et fauve ou blanchâtre, ou entièrement fauve, selon la maturité des sujets, quelquefois la pubescence paraît un peu plus serrée sur les taches claires; à l'extrémité de la quatrième et de la cinquième strie se trouve une petite tache tuberculiforme, formée d'une pubescence blanche très-serrée, une seconde tache moins visible se trouve à l'extrémité de la deuxième strie, presqu'à l'extrémité des élytres.

Pattes assez courtes, de la couleur générale du corps, cuisses armées avant leur extrémité, d'une petite dent robuste, aiguë.

Cette espèce varie pour la couleur comme toutes ses congénères, depuis le brun rouge foncé jusqu'au testacé le plus clair.

Elle se rapproche du *Dorytomus maculatus*, Marsham, mais s'en éloigne par sa forme moins convexe, sa taille généralement un peu plus grande, la ponctuation du corselet moins serrée, la dent des cuisses plus forte; diffère du *Dorytomus bitubercutatus*, Gyll., par sa taille plus grande, la forme plus large, le rostre plus épais, proportionnellement plus court, les taches des élytres différentes. Cette espèce se trouve au printemps sur les chàtons de différentes espèces de saules, et est répandue dans presque toute la France. M. Chevrolat lui avait donné le nom de *D. Capreæ*, on la trouve fréquemment dans les collections sous le nom de *Dorytomus maculatus* et de *Dorytomus costirostris*.

Mecinus Heydenii, Wencker.

Longueur: 2 à 2 1/2 millimètres. Largeur: 3/4 de millimètre.

Cylindrique; un peu terne, d'un bleu noir, souvent à reflets bronzés sur le prothorax.

Tête convexe, occiput non ponctué, mais très-finement chagriné vu à travers une forte loupe, front finement et peu densément ponctué, quelquefois une fossette plus forte entre les yeux, à la base du rostre existe en outre une dépression sensible.

Yeux peu convexes, assez rapprochés sur le devant, noirs, à fascettes très-distinctes et convexes.

Rostre de la ♀ aussi long que la tête et le corselet réunis, très-aquilin, presque cylindrique de la base à l'extrémité, le premier tiers finement ponctué et pubescent, glabre et brillant sur les derniers tiers.

Antennes fortes, noires, insérées un peu avant le milieu du rostre, dans un scrobe assez visible, massue ovale, couverte d'une forte pubescence grise.

Rostre du ♂, moins long, plus épais, aquilin, plus mince à l'extrémité, plus fortement ponctué à la base, terne, pubescent, plus brillant à partir des antennes.

Prothorax convexe, carré, peu ou point arrondi sur les côtés, variable sous le rapport des couleurs, d'un bleu foncé, d'un gris de fer ou à reflets bronzés, couvert d'une ponctuation fine presque serrée; bords antérieur et postérieur assez brusquement rétrécis, le bord antérieur est fortement relevé et plus étroit que le bord postérieur, qui est finement rebordé.

Écusson arrondi, couvert d'une pubescence blanche serrée.

Élytres opaques, d'un bleu noir ou d'un gris de fer, suivant l'intensité de la pubescence, presque cylindriques, à peine déprimées sur le dos, à peine plus larges que le prothorax, base légèrement échancrée, ce qui rend les épaules assez saillantes, quoique arrondies, presque parallèles, ou peu rétrécies vers leur sommet, assez fortement ponctuées striées surtout sur les côtés; intervalles à peine plus larges que les stries, transversalement chagrinés et munis en outre d'une ponctuation sériale.

Dessous du corps de la couleur générale du corps, à ponctuation assez forte, serrée, chaque point donnant naissance à un poil blanc argenté fin et légèrement relevé; le segment anal est plus finement et plus densément ponctué, ainsi que la base de chaque segment.

Pattes noires assez brillantes, les cuisses sont plus fortes chez le ♂.

Cette belle espèce, voisine pour la taille du *Mecinus dorsalis*, Aubé, en diffère au premier coup d'œil, par sa forme plus cylindrique, la couleur locale, le corselet non transversal, le rostre plus long; elle se rapproche du *Mecinus Lepricurii*, Wencker, de Bone (Algérie), dont elle partage la couleur, mais le rostre est différent ainsi que la ponctuation de la tête.

Très-rare; deux échantillons seulement en ont été pris dans les environs de Haguenau. M. de Heyden, sénateur à Francfort, auquel je me fais un devoir de la dédier, l'a découverte avant moi dans les environs de Francfort.

CEUTORHYNCHUS VERSICOLOR, Ch. Brisout de Barneville.

Longueur: un peu plus de 2 millimètres.

D'un noir peu brillant, peu densément couvert de petites squamules obscures, le plus souvent à reflets légèrement violacés, et parsemé en outre de petites squamules plus larges, cendrées; base de la suture des élytres avec une tache oblongue de squamules blanches très-serrées.

Rostre du ♂ un peu plus long que le prothorax, ponctué rugueusement, un peu plus lisse vers l'extrémité. Rostre de la ♀ un peu plus long et plus lisse; antennes obscures, funicule de six articles.

Prothorax plus large que long, presque deux fois plus étroit au sommet qu'à la base, médiocrement étranglé après son bord antérieur, qui est relevé, presque droit sur les côtés dans sa moitié postérieure, de chaque côté légèrement tuberculé; disque avec un sillon longitudinal dans sa moitié postérieure, très-profond vers l'écusson; base coupée de chaque côté très-peu obliquement; moitié postérieure et côtés latéraux revêtus d'une squamosité cendrée à reflets violacés.

Écusson petit, enfoncé.

Élytres un peu au delà de deux fois plus longues que le prothorax, distinctement rétrécies vers l'extrémité; callus huméral arrondi et saillant; assez finement ponctuées striées, intervalles finement rugueux; surface recouverte d'une squamosité courte et peu dense, obscure et parsemée, surtout postérieurement, de squamules cendrées, présentant des reflets plus ou moins violacés.

Pattes d'un noir légèrement brunâtre.

Tarses un peu plus claires; toutes les cuisses avec une petite dent; crochets des tarses finement dentés à leur base.

Cette espèce ressemble au *C. depressicollis;* elle s'en distingue facilement par sa couleur plus obscure et sa tache scutellaire, son prothorax plus large et les cuisses dentées.

Se trouve un peu partout, mais assez rarement; plus répandu dans la région vosgienne.

Ceutorhynchus Euphorbiæ, Ch. Brisout de Barneville.

Longueur : 1 1/4 à 1 1/3 de millimètre.

D'un noir légèrement brillant; prothorax bituberculé avec une bande blanchâtre dans son milieu.

Élytres avec des stries ponctuées, larges et profondes, parsemées de squamules blanches condensées en tache sous l'écusson, vers le milieu des côtés latéraux et à l'extrémité.

Rostre du ♂ de la longueur du prothorax, arqué, très-rugueux; celui de la ♀ un peu plus long et un peu moins fortement rugueux.

Antennes noires, funicule de sept articles.

Prothorax un peu plus large que long, beaucoup plus étroit en avant qu'en arrière, bord antérieur relevé, médiocrement étranglé derrière celui-ci, à peine arrondi sur les côtés, dans sa moitié postérieure, de chaque côté assez fortement tuberculé; disque avec un canal longitudinal peu profond dans son milieu, base distinctement bisinuée.

Élytres un peu au delà de deux fois plus longues que le prothorax, légèrement rétrécies vers l'extrémité, épaules arrondies, légèrement saillantes; fortement ponctuées striées, intervalles un peu plus larges que les stries, couverts d'une ponctuation rugueuse, surface recouverte d'une squamosité obscure peu dense et courte, avec une tache scutellaire oblongue, trois petites taches sur les côtés avant le milieu, une autre petite avant l'extrémité de la suture et quelques squamules éparses sur la moitié postérieure des élytres, d'un cendré blanchâtre.

Pattes noires, toutes les cuisses fortement dentées, crochets des tarses finement dentés à leur base.

Cette espèce ressemble beaucoup au *Cœliodes Lamii*, le dessin est à peu près le même; celui-ci se distingue facilement par sa forme un peu plus large, son funicule de sept articles, ses stries plus larges, ses cuisses fortement dentées, ses tibias et ses tarses obscurs, et par les caractères génériques.

Répandu partout, dans la plaine et la montagne, mais assez rare.

PRASOCURIS AUCTA F., variété, UMHANGII, Wencker.

Ce *Prasocuris*, qui semble *a priori* constituer un type nouveau, est très-remarquable par l'absence de la bande rouge marginale des élytres. Cette variété très-rare a été capturée à Türckheim (Haut-Rhin) par M. Martin, l'habile et infatigable chasseur de coléoptères de M. Umhang.

Je dédie cette variété à M. l'abbé Umhang, en souvenir de son hospitalité patriarcale.

WENCKER.

ERRATA.

Page 1, *ligne* 20, *au lieu de* punctatus . . . *lisez :* punctulatus.
» 2, » 3, » Thiriot . . . . » Thiriat.
» 6, » 11, » prallelus . . . » parallelus
» 19, » 19, » asez . . . . . » assez.
« 36, » 16, *ajoutez à la fin de la ligne le mot :* vol.
» 47, *dans la note, au lieu de* fuliginosus . *lisez :* rubiginosus.
» 54, » 7, *au lieu de* Pandellii . . . » Pandellei.
» id., » 26, » servata . . . . » serrata.
» 64, » 3, » idem. . . . . . » très-rare.
» 88, *dans la note, au lieu de* Garmar . . . » Germar.

TABLE ALPHABÉTIQUE DES GENRES.

B

C

www.ingramcontent.com/pod-product-compliance
Ingram Content Group UK Ltd.
Pitfield, Milton Keynes, MK11 3LW, UK
UKHW020309180726
13839UKWH00001B/417

9 782329 322179